人工智能与计算智能及其应用研究

罗艳玲 ◎ 著

吉林出版集团股份有限公司
全国百佳图书出版单位

图书在版编目（CIP）数据

人工智能与计算智能及其应用研究 / 罗艳玲著 . --长春：吉林出版集团股份有限公司，2023.5
ISBN 978-7-5731-3406-6

Ⅰ. ①人… Ⅱ. ①罗… Ⅲ. ①人工智能—研究②人工神经网络—研究 Ⅳ. ① TP18

中国国家版本馆 CIP 数据核字 (2023) 第 094274 号

RENGONG ZHINENG YU JISUAN ZHINENG JIQI YINGYONG YANJIU
人工智能与计算智能及其应用研究

著　　者：罗艳玲
出版策划：崔文辉
责任编辑：杨　蕊
出　　版　吉林出版集团股份有限公司
　　　　　（长春市福祉大路 5788 号，邮政编码：130118)
发　　行：吉吉林出版集团译文图书经营有限公司
　　　　　(http://shop34896900.taobao.com)
电　　话：总编办 0431-81629909　　营销部 0431-81629880/81629881
印　　刷：北京四海锦诚印刷技术有限公司
开　　本：787mm×1092mm　1/16
印　　张：13.25
字　　数：190 千字
版　　次：2024 年 6 月第 1 版
印　　次：2024 年 6 月第 1 次印刷
书　　号：ISBN 978-7-5731-3406-6
定　　价：88.00 元

版权所有　侵权必究

前言

　　人工智能是研究使用计算机模拟人的某些思维过程和智能行为的学科。近三十年来它获得了迅速的发展，在很多学科领域都获得了广泛应用，并取得了丰硕成果，人工智能已逐步发展为备受人们重视和非常具有吸引力的前沿学科，并不断衍生出很多新的研究方向。

　　计算智能属于现代人工智能的一个分支。由于人工智能内容体系复杂、庞大，且各个学派自身存在局限性，因此人工智能的应用发展非常缓慢，而在此基础上，计算智能得以发展。计算智能是信息科学、生命科学、认知科学等不同学科相互交叉的产物，它在我们生活的许多领域中有着广泛的应用，如大规模复杂系统的优化、科学技术与社会问题的优化及控制，以及在计算机网络、机器人、仿生学、智能交通、城市规划等领域的应用。

　　使计算机程序智能化，能够模拟人的思维和行为，一直是计算机科学工作者的理想和追求。尽管人工智能的发展道路崎岖不平、充满艰辛，但不畏艰难地从事人工智能研究的科学工作者并没有放弃对这个理想的追求。尽管计算机科学其他分支的发展势头也非常迅猛，并不断开辟出新的学科领域，但是当这些学科的发展进一步深化的时候，人们不会忘记这样一个共同的目标：要使计算机更加智能化。因此，不同知识背景和专业的人们都密切关注人工智能这门具有崭新思想和实用价值的综合性学科，并正在从这个领域中发现某些新思想和新方法。

　　本书是智能技术与应用方向的著作，主要研究人工智能与计算智能及其应用，本书从人工智能与计算智能基础介绍入手，针对知识表示方法、搜索方式、专家系统及机器学习基础进行了分析；对人工神经网络、遗传算法及群智能计算做了研究阐述；探讨了人工智能与计算智能多领域的应用实践。对人工智能与计算智能及其应用的研究有一定的借鉴意义。

　　在本书的撰写过程中，笔者参考了许多前辈和同人的研究成果，已在参考文献中列出，在此表示感谢。由于作者精力有限，本书难免存在不足之处，恳请广大读者和各界朋友不吝赐教。

目录

第一章 人工智能与计算智能基础 1
    第一节 人工智能概述 1
    第二节 计算智能概述 9

第二章 知识表示方法 11
    第一节 状态空间表示 11
    第二节 问题归约表示与谓词逻辑表示 15
    第三节 语义网络表示与框架表示 21
    第四节 脚本表示法与面向对象的知识表示 30

第三章 搜索方式 36
    第一节 搜索过程与问题分析 36
    第二节 搜索的基本策略 39
    第三节 博弈搜索 51
    第四节 其他搜索算法 60

第四章 机器学习基础 63
    第一节 机器学习理论基础 63
    第二节 机器学习的方法 66
    第三节 机器学习算法的应用 84

第五章 人工神经网络 88
    第一节 人工神经网络与神经网络 88
    第二节 前馈神经网络 90
    第三节 竞争神经网络 103
    第四节 反馈型神经网络 109

第六章 遗传算法 118
    第一节 遗传算法理论 118

第二节　遗传编码和种群初始化 ……………………………… 120
　　第三节　交叉和变异 …………………………………………… 124
　　第四节　选择和适应度函数 …………………………………… 129
　　第五节　遗传算法用于求解数值优化问题 …………………… 134
　　第六节　遗传算法中的模式定理与假设 ……………………… 138

第七章　群智能计算 …………………………………………………… 143
　　第一节　粒子群优化算法 ……………………………………… 143
　　第二节　蚁群优化算法 ………………………………………… 148
　　第三节　人工蜂群算法 ………………………………………… 156

第八章　人工智能多领域的应用实践 ………………………………… 164
　　第一节　人工智能在医疗信息服务中的应用 ………………… 164
　　第二节　人工智能在司法裁判中的应用 ……………………… 180
　　第三节　人工智能在商业银行服务创新中的应用 …………… 192

参考文献 ………………………………………………………………… 202

第一章 人工智能与计算智能基础

第一节 人工智能概述

一、人工智能的研究目标和内容

（一）人工智能的研究目标

人工智能是集计算机科学、控制科学、信息科学、认知科学、神经科学、语言学等多种学科交叉的一门前沿学科。就其本质来讲，人工智能就是研究如何制造出智能机器或者智能系统，来模拟人类的智能活动，从而扩展人类智能的科学。

计算机主要模拟人类的视觉、听觉和触觉等智能活动，以及人工输入等各种外界的信息输入，然后通过模拟人脑的信息处理过程，将感性转化为理性，也就是通过机器学习的方法，对获得的信息进行分析判断和推理，最终通过外围设备输出。不管从什么角度来研究人工智能，都是通过计算机来实现的。可以说，人工智能的中心目标是要搞清楚实现人工智能的有关原理，使计算机更有智慧、更有效率。其实，在人工智能的定义中就已经明确指出了人工智能研究的最终目标，即建造出具有人的思维和行为的计算机系统。对于这个目标可以有两种理解，一种观点认为人工智能就是制造出真正能认识、推理和解决问题的具有人类思维的机器，具有这些能力的机器被看作有独立思维的、有自我意识的；另一种观点认为非人类的人工智能，即机器的知觉和意识与人不同，学习的推理方式也不相同。近年来，各个学科领域的学者对人工智能的研究都有一致的目标，就是让现有的智能机器更加智能。

这里所说的智能不仅限于一般的数值计算,还能够运用获取的知识和信息,模拟人类的智能活动,使其具有独立的类似于人类的能力。

(二)人工智能研究的基本内容

人工智能结合了自然科学和社会科学的最新成果,形成了以智能为核心、具有自我意识的新的体系。人工智能的研究主要应用在知识表示模式、智能搜索技术、求解数据和知识不确定问题等各个方面。人工智能也可以看作在控制论、信息论的基础上发展起来的学科,哲学、心理学、计算机科学、数学等学科都为人工智能的研究提供了丰富的知识和理论基础。

人工智能应用的过程其实就是一个获得知识并将之应用于实践的过程,知识是实现人工智能的基础。人们只有在实践中才能认识到事物发展的客观规律,经过加工、解释、挑选和改造而形成知识。人工智能既然是为了学习人的思维模式,那么就要使机器具有适当地获取和运用知识的能力。因此,人工智能知识表示问题是人工智能研究过程中非常重要的内容。

从一个或几个已知的信息中推理出一个新的思维过程被称为推理,这是客观事物在意识中的反应。实际上,自动推理的过程就是对获取的知识进行处理的过程。自动推理也是人工智能研究过程中的核心问题之一。按照推理的途径来划分,推理可以分为演绎推理、归纳推理、反绎推理。演绎推理是从一般到特殊的推理过程。演绎推理是人工智能中的一种非常重要的推理方式,在目前人工智能的研究中,大多采用演绎推理。反绎推理是由结果反推原因的过程。归纳推理是机器学习和知识发现的重要基础,也是人类思维活动中最基本、最常用的一种推理形式。

人工智能的学习,也就是常说的机器学习。它的主要研究方向是研究计算机如何模拟和实现人类的学习行为,在学习过程中,获取新的知识,不断完善自身的性能。只有让人工智能系统学会类似人的学习能力,才能够实现人的智能行为。机器学习是人工智能研究的核心问题之一,也是当前最为热门的研究领域之一。常见的机器学习方法主要有归纳学习、类比学习、分析学习、加强学习、遗传算法学习、神经网络学习等。关于机器学习的研究工作还需要各学科的研究者共同努力,只有先在机器学习的领域取得更大的成果，人工智能的研究才会更加顺利。目前机器学习的方法主要有以下三个方面：首先，面向任务的研究，研究和分析改进一组预期任务的执行性能的学习系统；其次，建立适当的数学模型，研究人类的学习过程并进行计算机模拟；最后，进行理论分析，从理论上探索各种可能的学习方法和独立于应用领域的算法。

二、人工智能研究的主要途径

（一）人工智能研究的特点

虽然人工智能涉及诸多学科，而且从这些学科中借鉴了大量的知识和理论，并且在很多领域取得了广泛的应用，但是，人工智能还是一门尚未成熟的学科，与人们的期望还有巨大的差距。从长远看，人工智能的突破将会依赖于分布式计算和并行计算，需要一种全新的计算机体系结构，如光子计算、量子计算等。从目前的条件来看，人工智能还主要依靠智能算法来提高现有的计算机智能化程度。人工智能系统和传统的计算机软件系统相比有很多特点。

首先，人工智能系统与传统软件的研究对象不同，它主要将知识作为研究对象。虽然机器学习或者模式识别算法也能处理大量数值，但是它们的最终目标是在处理大量数据的过程中发现数据中的知识，并对这些信息进行智能处理。知识是一切智能系统的基础，任何智能系统的活动过程都是一个获取知识或者运用知识的过程。其次，人工智能系统大多采用启发式方法来处理问题。用启发式来指导问题求解过程，可以提高问题求解效率，但是往往不能保证结果的最优性，一般只能保证结果的有效性和可用性。最后，人工智能系统一般都允许出现不正确结果。因为智能系统大多是处理非良性结构问题，或者时空资源受到较强的约束，或者知识不完全，或者数据包含较多的不确定性等，在这些条件下，智能系统有可能给出不正确的结果。因此，在人工智能研究中一般用准确率或者误差等来衡量结果质量，而不要求结果一定是准确的。

（二）研究人工智能的方法

在人工智能的研究过程中，人们对智能本质的理解和认知不同，因此研究人工智能使用的方法也不相同。不同的研究方法代表着不同的学术观，研究方法的不同，形成了不同的研究学派。目前的主要研究学派有符号主义、连接主义和行为主义。符号主义方法以物理符号系统假设和有限合理性原理为基础；连接主义方法以人工神经网络为核心；行为主义方法侧重研究感知个体行动的反应机制。

1. 符号主义

符号主义学派的观点认为，智能活动的基础是物理符号系统，思维的过程就是符号模式的处理过程。纽威尔（Newell）和西蒙（Simon）在20世纪70年代的美国计算机学会（ACM）图灵奖的演讲中，对物理符号系统的假设进行了总结：物理符号系统具有必要且足够的方法来实现普通的智能行为。他们把智能问题归结为符号系统的计算问题，把一切精神活动归结为计算。因此，人类的认识过程就是已知符号处理的过程，思维就是符号的计算。

人工智能的行为可以看作与人类活动相同的机器行为。在物理学中，系统将展示适合于其目的的行为，并适应于它所在的环境要求。在符号主义观点看来，人工智能以知识为核心，认知就是处理符号，推理就是通过启发式知识及启发式搜索对问题求解的过程。符号主义主张用逻辑的方法来建立人工智能的统一理论体系。但是，不确定事物的表示和处理问题仍然是符号主义观点需要解决的巨大难题。

符号主义人工智能研究在自动推理、定理证明、语言处理、知识工程等方面取得了显著的成果。符号主义从功能上对人脑进行模拟，也就是根据人脑的活动建构模型，将需要研究的问题转换成逻辑表达，从而实现机器智能。基于功能模拟的符号推理是人工智能研究的常用方法。基于这种研究途径的人工智能往往被称为"传统的人工智能"或者"经典的人工智能"。

2. 连接主义

连接主义是基于神经网络及网络间的连接机制和学习算法的人工智能学派。简言之，连接主义就是使用神经网络来研究人工智能，是20世纪40年代出现的一种神经元的数学模型，并由此组成了一种前馈神经网络。MP神经网络模型的建立，为人工智能的研究开辟了一条新的研究途径，该模型在图像处理、模式识别、机器学习等方面都体现出了独特的优势。

在连接主义的观点看来,大脑是一切智能活动的基础,因而应从大脑神经元及其连接机制出发进行研究,弄清大脑的结构及其进行信息处理的过程和机理。该方法的主要特征表现在:以分布式的方式存储信息、以并行方式处理信息,具有自组织、自学习能力,适合于模拟人的形象思维,可以以较快的速度得到一个近似解。也正是由于连接主义的这些特点,使得神经网络为人们在利用机器加工处理信息方面提供了一个全新的方法和途径。然而,这种方法不适合模拟人们的逻辑思维过程,并且人们发现,已有的模型和算法存在一定的问题,理论上的研究也有一些难点。所以,单靠连接学习机制来实现人工智能是不可能的。

3. 行为主义

行为主义学派认为智能行为是基于"感知—行动"的一种人工智能学派,20世纪90年代,布鲁克斯(R.A.Brooks)提出无须知识表示和推理的智能方式。他认为智能只是在与环境交互作用中体现出来,不应采用集中式的模式,而是需要具有不同的行为模块和环境交互,以此来产生复杂的行为。

行为主义的基本观点如下:

(1) 知识的形式化表达和模型化方法是妨碍人工智能发展的重要因素之一。

(2) 智能取决于感知和行动,应直接利用机器对环境作用,以环境对作用的响应为原型。

(3) 智能行为只能体现在与外部环境的交互中,通过与周围环境交互而表现出来。

(4) 人工智能可以像人类一样进化,分阶段发展和增强。

任何一种表达形式都不能完全代表客观世界中的真实概念,所以用符号串表达人工智能的过程是不合适的。行为主义思想一经提出就引起了人们的广泛关注,有人认为布鲁克斯的机器虫在行为上模仿人的行为不能看作人工智能,通过绕过机器人的过程,从机器直接进化到人的层面的智能是不可能实现的。尽管如此,行为主义学派的发展依然将进一步影响以上三种研究方法从不同的方面研究了人工智能，与人脑的思维模型有着密不可分的关系。每种思想都从一种角度阐释了智能的特性，同时每种思想都具有各自的局限性。目前，众多的研究者仍然对人工智能的研究理论基础持不同的意见，所以，人工智能没有一个统一的思路体系，但是，这恰恰促进了各个学科的学者从不同的角度研究人工智能，涌现了大量的、新颖的思维模式和研究方法，从而极大地丰富了人工智能的研究。

三、人工智能的研究与应用领域

迄今为止，几乎所有的学科与技术的分支都在享受着人工智能带来的福利，因此，人工智能涉及的研究和应用领域非常广泛，本章只列举一些常见的研究方向。

（一）自动定理证明

自动定理证明（automatic theorem proving）是研究如何把人类证明定理的过程演变在机器上，自动实现符号演算的过程。简言之，就是让计算机模拟人类证明的方法，但不依靠人类的证明，自动实现类似于人类证明的方法的过程。自动定理证明是人工智能最早进行研究的领域之一。定理证明的研究有许多工作要做，包括总结搜索算法以及开发正式的表示语言。自动定理证明的魅力主要源于它具有的严谨性和广泛性。这种系统可以处理非常广泛的问题，只要可以把问题描述和背景信息用逻辑推理出来，就可以用自动定理证明该问题。这也是自动定理证明和数学推理逻辑的基础。

（二）博弈

博弈就是研究人类智能活动中的决策和斗智的问题。例如，下棋、考试和比赛等。博弈是人类社会中一种常见的现象。博弈的双方可以是个人、群体，也可以是一个群落。博弈问题为人工智能的发展提供了重要的研究依据，它可以对人工智能技术进行验证，以此促进人工智能的快速发展。

人工智能中的搜索系统一般由全局数据库、算子集和控制策略三部分组成。全局数据库包括与具体任务有关的信息，用来反映问题的当前状态、约束条件及预期目标。算子集，也称操作规则集，用来对数据库进行操作计算。数据库中的知识是叙述性知识，而操作规则是过程性知识。算子一般由条件和动作两部分组成。控制策略用来决定下一步选用哪一个算子以及在何处应用。状态空间搜索是博弈的基础,博弈的过程可能产生巨大的搜索空间。要搜索这些庞大的空间,需要使用先进的技术来判断其是否处于备择状态,探索问题空间。这些技术称为启发式搜索,而且已成为 AI 研究中的一个重要研究方向。

（三）专家系统

专家系统（expert system）是人工智能领域中的一个重要分支,它是目前人工智能中最活跃、应用最成功的一个领域。该系统是一种基于知识的系统,它从专家那里获得知识,将这些知识编到程序中,根据人工智能问题求解技术,模拟人类专家求解问题时的求解过程,以及求解需要解决的各种问题,解决问题的能力可以和专家相媲美。

专家系统把知识与系统中的其他部分相分离,着重强调知识而疏于方法。因此,在专家系统中必须包含大量的知识,进而拥有类似于人的思维推导的能力,并能够用这些能力解决人工智能中遇到的各种问题。专家系统主要由知识库、推理机、综合数据库、解释器组成。知识库可以理解为是用来存放已获取知识的地方。知识库是衡量专家系统质量好坏的一个关键因素,即知识库中知识的质量和数量决定着专家系统的质量水平。推理机可以通过已经获取的知识,遵循知识库中的规则,从而产生新的结论,以得到问题的求解结果。综合数据库是专门用于存储专家系统在推理过程中所需的各阶段的数据,如原始数据、中间结果和最终结论等。综合数据库可以理解为一个暂时的存储区。解释器能够根据用户的提问,对专家系统中各阶段做出说明,从而使专家系统更有可用性。人机界面是系统与用户进行交流的界面。通过该界面,用户可输入基本信息、对系统提出的问题做出回应,并输出推理结果和相关解释等。

专家系统的工作流程为：用户通过人机界面向系统提交求解问题和已知条件。推理机根据用户的输入信息和已知条件与结论对知识库中的规则进行匹配,并按照推理模式把生成的中间结论存放在综合数据库中。如果系统得到了最终的结论,则推理结束,并将结果输出给用户。如果在现有的条件下系统无法进行推理,则要求用户提交新的已知条件或者直接宣告推理失败。最后,系统可根据用户要求对推理进行解释。但是在专家系统中还存在一些不足。例如,知识获取依赖知识工程师,需要大量人工处理;面对巨大的信息量时,如何有效、自主地获取知识是专家系统中的又一瓶颈问题;不确定知识和常识性知识的表示方法、规则、框架的统一性也是一大难题。

(四)机器视觉

机器视觉(machine vision)也称计算机视觉,它的主要研究方向是使用机器实现或模拟人类的视觉行为。其主要研究目标是使计算机具有通过二维图像认知三维环境信息的能力,这种能力不仅包括对三维环境中物体形状、位置姿态和运动等几何信息的感知,而且包括对这些信息的描述、存储、识别和理解。

20世纪60年代科学家们就已经开始了机器视觉的研究。到20世纪80年代,随着计算机硬件的大幅提升,机器视觉研究领域取得突破性的进展。目前,机器视觉已经从模式识别的一个研究领域发展成为一门独立的学科。一般机器视觉可分为低层视觉和高层视觉。低层视觉主要执行预处理功能,其目的是凸显被测对象,去除背景和其他因素的干扰,以获取有效特征,提高系统准确率和执行效率。高层视觉则主要是理解所观察的形象,需要掌握与观察对象所关联的知识。综上所述,机器视觉已经在军事装备、卫星图像处理、工业生产监控、景物识别和目标检测等很多领域进行了应用。

(五)人工神经网络

人工神经网络简称神经网络,究其本质而言,就是以连接主义为研究方法,以人脑的神经网络为基础,将人脑的某些机理、机制抽象化,并进行模拟实现。人工神经网络是由人工建立的以有向图为拓扑结构的动态系统,它通过对连续或断续的输入状态响应而进行信息处理。神经网络是研究人工智能的重要研究方法。神经网络可以不依赖于数字计算机模拟,可以用独立电路实现。此外,神经网络可以随意逼近任何复杂的非线性关系。这从理论上保证了神经网络具有超强的计算能力。神经网络具有良好的自适应学习的能力。它的信息都分布存储于神经网络内的各神经元,个别神经元的失效不会对整个神经系统产生致命的影响，由此大大增加了神经网络系统的容错能力。目前，人工神经网络研究主要应用于以下几个方面：利用神经网络认知科学研究人类思维以及智能机理；在神经网络研究成果的基础上，用数学方法进行深度优化模型，开发新的网络模型理论；将神经网络应用于模式识别、信号处理、机器控制和数据处理等领域。

第二节 计算智能概述

传统的计算智能（Computational Intelligence，CI）是以生物进化的观点认识和模拟智能的。按照这一观点，智能是在生物的遗传、变异、生长，以及外部环境的自然选择中产生的。在用进废退、优胜劣汰的进化过程中，适应度高的结构被保存下来，智能水平也随之提高，因此计算智能就是基于结构演化的智能。

随着这种传统进化观的计算智能同神经网络、模糊系统、群集优化算法等的交叉融合研究，计算智能本身的含义得到了不断的扩充和丰富，使得计算智能成为致力于智能体泛化、抽象、发现和联想能力研究的一门学科。

计算智能主要由人工神经网络、进化计算、模糊系统、随机搜索算法、群集智能算法和人工免疫系统等部分组成。人工神经网络是对人脑结构和功能的模拟，进化计算是对自然进化适者生存的处理机制的模拟，模糊系统是对人类思维和语言活动规律的研究，随机搜索算法是一种随机搜寻解决的方法，群集智能算法是对生物社会行为的模拟，而人工免疫系统则是对免疫系统的工作机理加以模拟研究。计算智能的这些方法具有以下一些特定的要素：自适应的结构、随机产生的或指定的初始状态、适应度的评测函数、修改结构的操作、系统状态存储器、终止计算的条件、指示结果的方法、控制过程的参数。计算智能具有自学习、自组织、自适应的特征和简单、通用、鲁棒性强、适于并行处理的优点，在并行搜索、联想记忆、模式识别、知识自动获取等方面得到了广泛的应用。遗传算法、免疫算法、模拟退火算法、蚁群算法、粒子群算法等都是一些仿生算法。人们通过对自然界独特规律的认知，基于"从大自然中获取智慧"的理念，可提取出适合知识获取和优化求解的一套计算工具。而且由于具有自适应学习特性，这些算法能达到全局优化求解的目的。

为便于理解，这里对计算智能的一些主要概念做简要解释。

计算智能：模仿生物进化过程、生物构造、机能、群体行为、思维语言和记忆过程，实现对问题优化求解的算法统称为计算智能。

自组织：在一定条件下，生命系统、社会系统等为了适应环境，子系统之间相互作用、调节，有目的地由无序到有序，由低级有序到高级有序，自动组织形成一种机制的过程。

自适应：在处理和分析过程中，根据处理数据的特征自动调整处理方法、处理顺序、处理参数、边界条件或约束条件，使其与所处理数据的统计分布特征、结构特征相适应，以取得最佳的处理效果的过程。

智能性：对现实问题采用自适应、自组织等智能方式解决问题的特性。

并行性：对问题可同时求解，包括同时用多个处理器进行计算和多条路线处理等。

健壮性：算法对输入数据具有抗噪性和容错性。

计算智能的理论基础涉及数学、物理学、生物学、智能科学等诸多领域，求解过程更多地体现为一种无轨迹的随机搜索，具有马尔科夫特性（当前搜索点大多数情况下仅与前一点有关），也涉及稳定性和收敛性的概念，求解的思路采用群搜索方案，个体间有时具有竞争性，有时又具有协作性，视模仿生物特性的角度不同而不同。遗传进化、优胜劣汰、适者生存是计算智能遵循的主要法则。

第二章 知识表示方法

第一节 状态空间表示

问题求解（problem solving）是个大课题，它涉及归约、推断、决策、规划、常识推理、定理证明、相关过程等核心概念。在分析人工智能研究中运用的问题求解方法之后，就会发现很多问题的求解方法采用试探搜索方法。也就是说，这些方法是通过在某个可能的解空间内寻找一个解来求解问题的。这种基于解答空间的问题表示和求解方法就是状态空间法，它是以状态和算符为基础来表示和求解问题的。

一、问题状态描述

（一）状态的基本概念

状态（state）是为了描述某类不同事物间的差别而引入的一组最少变量 $q_0, q_1, \cdots, q_n$ 的有序集合，其矢量形式如下式所示：

$$Q = [q_0, q_1, \cdots, q_n]^T$$

式中，每个元素 $q_i(i=0,1,\cdots,n)$ 为集合的分量，称为状态变量。给定每个分量一组值就得到一个具体的状态，如下式所示：

$$Q_k = [q_{0k}, q_{1k}, \cdots, q_{mk}]^T$$

使问题从一种状态变化为另一种状态的手段，称为操作符或算符。操作符可分为走步、过程、规则、数学算子、运算符号或逻辑符号等。

问题的状态空间（state space）是一个表示该问题全部可能状态及其关

系的图，它包含三种说明的集合，即所有可能问题的初始状态集合 S、操作符集合 F 以及目标状态集合 G。

因此，可以把状态空间记为三元状态 (S, F, G)。

（二）状态空间的表示法

对一个问题的状态描述，必须确定三件事：

（1）该状态描述方式，特别是初始状态描述。

（2）操作符集合及其对状态描述的作用。

（3）目标状态描述的特性。

二、状态图示法

图论中几个常用的术语：

节点（node）：图形上的汇合点，用来表示状态和时间关系的汇合，也可以用来指示通路的汇合。

弧线（arc）：节点间的连接线。

有向图（directed graph）：一对节点用弧线连接起来，从一个节点指向另外一个节点。

后继节点（successor node）与父辈节点（parent node）：如果某条弧线从节点 n_i 指向节点 n_j，那么节点 n_j 就称为节点 i 的后继节点，而节点 i 称为节点 j 的父辈节点或祖先。

路径：某个节点序列 $(n_{i1}, n_{i2}, \cdots, n_{ik})$ 当 $j = 2, 3, \cdots, k$ 时，如果对于每一个 $n_{i,j-1}$ 都有一个后继节点 n_{ij} 存在，那么就把这个节点序列称为从节点 n_{i1} 至节点 n_{ik} 的长度为 k 的路径。

代价（cost）：给各弧线指定数值以表示加在相应算符上的代价。如果从节点 i 至节点 j 存在一条路径，那么就称节点 j 是从节点 i 可达到的节点。两节点间路径的代价等于连接路径上各节点的所有弧线代价之和。最小者称为最小代价路径。

图的显式和隐式表示：

显式表示：各节点及其具有代价的弧线由一张表明确给出。此表可能列出该图中的每一个节点、它的后继节点以及连接弧线的代价。

隐式表示：节点的无限集合 $\{s_i\}$ 作为起始节点是已知的。后继节点算符 Γ 也是已知的，它能作用于任意节点，以产生该节点的全部后继节点和各连接弧线的代价。

一个图可以由显式说明也可以由隐式说明。显然，显式说明对于大型的图是不切实际的，而对于具有无限节点集合的图则是不可能的。

此外，引入后继节点算符的概念是方便的。后继节点算符 Γ 也是已知的，它能作用于任意节点以产生该节点的全部后继节点和各连接弧线的代价（用状态空间术语来说，后继算符是由适用于已知状态描述的算符集合所确定的）。把后继算符应用于 $\{s_i\}$ 的成员和它们的后继节点以及这些后继节点的后继节点，如此无限制地进行下去，最后使得由 Γ 和 $\{s_i\}$ 所规定的隐式图变为显示图。把后继算符应用于节点的过程，就是扩展一个节点的过程。

（一）产生式系统

一个产生式系统由下列三个部分组成：

（1）一个总数据库（global database），它含有与具体任务有关的信息。

（2）一套规则，它对数据库进行操作运算。每条规则由左右两部分组成，左部鉴别规则的适用性或先决条件，右部描述规则应用时所完成的动作。应用规则来改变数据库。

（3）一个控制策略，它确定应该采用哪一条适用规则，而且当数据库的终止条件满足时，就停止计算。

（二）状态空间表示举例

图2-1所示为猴子与香蕉问题的状态空间。图中，a、b、c 分别表示猴子、箱子、香蕉的水平位置。

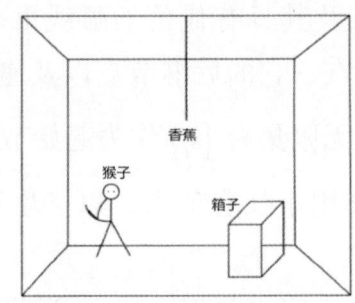

图 2-1 猴子与香蕉问题

状态空间用四元组 (W, x, y, z) 表示，其中：

W——猴子的水平位置；

x——当猴子在箱子顶上时取 $x=1$；否则取 $x=0$；

y——箱子的水平位置；

z——当猴子摘到香蕉时取 $z=1$；否则取 $z=0$。

初始状态是 $(a, 0, b, 0)$，目标状态是 $(c, 1, c, 1)$。

操作符：

1. 猴子在当前位置 W 走到水平位置 U

goto(U)：

$(W, 0, y, z) > (U, 0, y, z)$

注：猴子必须不在箱子上。

2. 猴子将箱子从 W 位置推到水平位置 V

pushbox(V)：

$(W, 0, W, z) > (V, 0, V, z)$

注：猴子与箱子必须在同一位置。

3. 猴子爬到箱子上

climbbox：

$(W, 0, W, z) > (W, 1, W, z)$

4. 猴子摘到香蕉

grasp：

$(c,1,c,0) > (c,1,c,1)$

求解过程：令初始状态为$(a, 0, b, 0)$。这时 goto（U）是唯一适用的操作，并导致下一状态(U, 0, b, 0)。现在有3个适用的操作，即 goto（U）、pushbox（V）和 climbbox（若 $U=b$）。把所有适用的操作继续应用于每个状态。

而把该初始状态变换为目标状态的操作序列为：

{goto(b), pushbox(c), climbbox, grasp}

第二节 问题归约表示与谓词逻辑表示

一、问题归约表示

问题归约（problem reduction）是另一种问题描述与求解的方法。问题归约是在问题求解过程中，将一个大的问题变成若干个子问题，子问题又可以分解成更小的子问题，这样一直分解到可以直接求解，全部子问题的解就是原问题的解；并称原问题为初始问题，可直接求解的问题为本原问题。

（1）先把问题分解为子问题和子—子问题，然后解决较小的问题。

（2）对该问题某个具体子集的解答就意味着对原始问题的一个解答。

（一）问题归约描述

1. 问题归约法的概念

已知问题的描述，通过一系列变换把此问题最终变为一个子问题集合，这些子问题的解可以直接得到，从而解决了初始问题。

该方法也就是从目标（要解决的问题）出发逆向推理，建立子问题以及子问题的子问题，直至最后把初始问题归约为一个平凡的本原问题集合。这就是问题归约的实质。

2. 问题归约法的组成部分

①一个初始问题描述。

②一套把问题变换为子问题的操作符。

③一个本原问题描述。

问题归约方法可以应用状态、算符和目标这些表示法来描述问题,这并不意味着问题归约法和状态空间法是一样的。

（二）与或图表示

1. 与或图的概念

用一个类似图的结构来表示把问题归约为后继问题的替换集合,这种结构图称为问题归纳图,也称与或图。

例如,设想问题 A 需要由求解问题 B、C 和 D 来决定,那么可以用一个与图来表示,各节点之间用一段小圆弧连接标记;同样,一个问题 A 或者由求解问题 B 或者由求解问题 C 来决定,则可以用一个或图来表示。

2. 与或图的有关术语

（1）父节点。

一个初始问题或是可以分解为子问题的问题节点。

（2）子节点。

一个初始问题或是子问题分解的子问题节点。

（3）或节点。

只要解决某个问题就可解决其父辈问题的节点集合。

（4）与节点。

只有解决所有子问题,才能解决其父辈问题的节点集合。

（5）有向弧线。

父辈节点指向子节点的带箭头连线。

（6）终叶节点。

对应于原问题的本原节点。

3. 与或图的有关定义

与或图中一个可解节点的一般定义可以归纳如下：

（1）终叶节点是可解节点（因为它们与本原问题相关联）。

（2）如果某个非终叶节点含有或后继节点,那么只有当其后继节点至少有一个是可解时，此非终叶节点才是可解的。

（3）如果某个非终叶节点含有与后继节点，那么只要当其后继节点全部为可解时，此非终叶节点才是可解的。

不可解节点的一般定义归纳如下：

（1）没有后裔的非终叶节点为不可解节点。

（2）如果某个非终叶节点含有或后继节点，那么只有当其全部后裔为不可解时，此非终叶节点才是不可解的。

（3）如果某个非终叶节点含有与后继节点，那么只要当其后裔至少有一个为不可解时，此非终叶节点才是不可解的。

4. 与或图构图规则

（1）与或图中的每个节点代表一个要解决的单一问题或问题集合。图中所含起始节点对应于原始问题。

（2）对应于本原问题的节点，称为终叶节点，它没有后裔。

（3）对于把算符应用于问题的每种可能情况，都把问题变换为一个子问题集合；有向弧线自问题指向后继节点，表示所求得的子问题集合。

（4）一般对于代表两个或两个以上子问题集合的每个节点，有向弧线从此节点指向此子问题集合中的各个节点。

二、谓词逻辑表示

在这种方法中，可以把知识库看成一组逻辑公式的集合，知识库的修改是增加或删除逻辑公式。使用逻辑法表示知识，需要将以自然语言描述的知识通过引入谓词、函数来加以形式描述，获得有关的逻辑公式，进而以机器内部代码表示。在逻辑法表示下可采用归结法或其他方法进行准确的推理。

谓词逻辑表示法建立在形式逻辑的基础上，具有下列优点：谓词逻辑表示法对如何由简单说明构造复杂事物的方法有明确、统一的规定，并且有效地分离了知识和处理知识的程序，结构清晰；谓词逻辑与数据库，特别是与关系数据库有密切的关系；一阶谓词逻辑具有完备的逻辑推理算法；逻辑推理可以保证知识库中新旧知识在逻辑上的一致性和演绎所得结论的正确性；逻辑推理作为一种形式推理方法，不依赖于任何具体领域，具有较大的通用性。

但是，谓词逻辑表示法也存在着下列缺点：难以表示过程和启发式知识；由于缺乏组织原则，使得知识库难以管理；由于弱证明过程，当事实的数目增大时，在证明过程中可能产生组合爆炸。表示的内容与推理过程的分离，推理按形式逻辑进行，内容所包含的大量信息被抛弃，使得处理过程加长、工作效率降低。谓词逻辑适合表示事物的状态、属性、概念等事实性的知识，以及事物之间确定的因果关系，但是不能表示不确定性的知识，而且推理效率很低。

（一）谓词演算

1. 语法和语义

谓词逻辑的基本组成部分是谓词符号、变量符号、函数符号和常量符号，并用圆括号、方括号、花括号和逗号隔开，以表示辖域内的关系。

原子公式是由若干谓词符号和项组成的，只有当其对应的语句在定义域内为真时，才具有值 T（真）；而当其对应的语句在定义域内为假时，该原子公式才具有值 F（假）。

2. 连词和量词

连词有 $\wedge$（与）、$\vee$（或），全称量词（$\forall x$），存在量词（$\exists x$）。

原子公式是谓词演算的基本积木块，运用连词能够组合多个原子公式，以构成比较复杂的合式公式。

3. 有关定义

用连词 $\wedge$ 把几个公式连接起来而构成的公式称为合取，此合取式的每个组成部分称为合取项。由一些合式公式所构成的任意合取也是一个合式公式。

用连词 $\vee$ 把几个公式连接起来所构成的公式称为析取，而此析取式的每一组成部分称为析取项。由一些合式公式所构成的任意析取也是一个合式公式。

用连词 $\rightarrow$ 连接两个公式所构成的公式称为蕴含。蕴含的左式称为前项，右式称为后项。如果前项和后项都是合式公式，那么蕴含也是合式公式。

前面具有符号"~"的公式称为否定。一个合式公式的否定也是合式公式。

量化一个合式公式中的某个变量所得到的表达式也是合式公式。如果一个合式公式中某个变量是经过量化的，就把这个变量称为约束变量，否则称为自由变量。在合式公式中，我们感兴趣的主要是所有变量都是受约束的。这样的合式公式称为句子。

（二）谓词公式

1. 谓词合式公式的定义

（1）在谓词演算中合式公式的递归定义如下：

①原子谓词公式是合式公式。

②若 A 为合式公式，则 ~ A 也是一个合式公式。

③若 A 和 B 都是合式公式，则（A∧B）、（A∨B）、（A→B）和（A↔B）都是合式公式。

④若 A 是合式公式，x 为 A 中的自由变元，则（∀x）A 和（∃x）A 都是合式公式。

⑤只有按上述规则①~④求得的公式，才是合式公式。

（2）项：

①个体常量、个体变量（基本的项）。

②若 $t_1, t_2, \cdots, t_n$ 是项，f 是 n 元函数，则 $f(t_1, t_2, \cdots, t_n)$ 是项。

③仅由有限次使用①、②产生的符号串才是项。

（3）原子谓词公式：

若 $t_1, t_2, \cdots, t_n$ 是项，P 是谓词，则称 $P(t_1, t_2, \cdots, t_n)$ 为原子谓词公式。相关规则如下：

①原子谓词公式是谓词公式。

②若 A 是谓词公式，其否定也是谓词公式。

③若 A、B 是谓词公式，其进行的合取与析取运算也是谓词公式。

④若 A 是谓词公式，x 是项，对 x 约束量词表达式产生的也是谓词公式。

（4）量词的辖域。

量词的约束范围，即指位于量词后面的单个谓词或者用括弧括起来的合式公式。例如：

$$(\forall x)\{P(x) \to \{\forall y)[P(y) \to P(f(x,y))] \land (\exists y)[Q(x,y) \to P(y)]\}$$

（5）约束变元：受到量词约束的变元，即辖域内与量词中同名的变元称为约束变元。

（6）自由变元：不受约束的变元称为自由变元。

（7）变元的换名：谓词公式中的变元可以换名，但要保持变量的论域不变。

（8）改名规则：

①对约束变元，必须把同名的约束变元都统一换成另外一个相同的名字，而且不能与辖域内的所有其他变元同名。

②对辖域内的自由变元，不能改成与约束变元相同的名字。

（9）谓词公式真值表：取出公式中的所有单个谓词，按所有可能的取值组合，再按连接词和量词的定义给出合式公式的真值。

2. 合式公式的性质

（1）否定之否定。~（~P）等价于P。

（2）P∨Q 等价于 ~P→Q。

（3）德·摩根定律。

~（P∨Q）等价于 ~P∧~Q；

~（P∧Q）等价于 ~P∨~Q。

（4）分配律。

P∧（Q∨R）等价于（P∧Q）∨（P∧R）；

P∨（Q∧R）等价于（P∨Q）∧（P∨R）。

（5）交换律。

P∧Q 等价于 Q∧P；

P∨Q 等价于 Q∨P。

（6）结合律。

（P∧Q）∧R 等价于 P∧（Q∧R）；

（P∨Q）∨R 等价于 P∨（Q∨R）。

（7）逆否律。

P→Q 等价于 ~Q→~P。

（三）置换与合一

1.置换

一个表达式置换就是在该表达式 E 中用置换项 s 置换变量，记作 E_s。

一般来说，置换是可以结合的，但其是不可交换的。

举例说明：

表达式 $P[x, f(y), B]$ 的一个置换为：

$s_1 = \{z/x, w/y\}$，则 $P[x, f(y), B] s_1 = P[z, f(w), B]$。

2.合一

寻找项对变量的置换，以使两个表达式一致，称为合一。如果一个置换 s 作用于表达式集 $\{E_i\}$ 每个元素，则用 $\{E_i\}s$ 来表示置换例集。称表达式集 $\{E_i\}$ 是可合一的，如果存在一个置换 s 使得 $E_1 s = E_2 s = E_3 s = \cdots$，那么称此 s 为 $\{E_i\}$ 的合一置换，因为 s 的作用是使集合 $\{E_i\}$ 成为单一形式。

第三节 语义网络表示与框架表示

一、语义网络表示

语义网络是奎立恩（J.R.Quillian）于 20 世纪 60 年代在研究人类联想记忆时提出的一种心理学模型，他认为记忆是由概念间的联系实现的。随后在他设计的可教式语言理解器（teachable language comprehendent，TLC）中又把它作为知识表示方法。1972 年，西蒙（Simon）在他的自然语言理解系统中采用了语义网络知识表示法。1975 年，亨德里克（G.G.Hendrix）对全称量词的表示提出了语义网络分区技术。目前，语义网络已经成为人工智能中应用较多的一种知识表示方法，尤其是在自然语言处理方面的应用。

语义网络的基本概念：知识的一种结构化图解表示，它由节点和弧线或连线组成。节点表示实体、概念和情况等，弧线表示节点间的关系。

语义网络表示由以下四个相关部分组成：

（1）词法部分：决定表示词汇表中允许有哪些符号，它涉及各个节点和弧线。

（2）结构部分：叙述符号排列的约束条件，指定各弧线连接的节点对。

（3）过程部分：说明访问过程，这些过程能用来建立和修正描述，以及回答相关问题。

（4）语义部分：确定与描述相关的（联想）意义和方法，即确定有关节点的排列及其占有物和对应弧线。

语义网络具有以下特点：

（1）能把实体的结构、属性与实体间的因果关系显式而简明地表达出来，与实体相关的事实、特征和关系可以通过相应的节点弧线推导出来。

（2）由于与概念相关的属性和联系被组织在一个相应的节点中，因而使概念易于受访和学习。

（3）表现问题更加直观，更易于理解，适于知识工程师与领域专家的沟通。

（4）语义网络结构的语义解释依赖于该结构的推理过程，没有结构的约定，因而得到的推理不能保证像谓词逻辑法那样有效。

（5）节点间的联系可能是线状、树状或网状的，甚至是递归状的结构，使相应的知识存储和检索可能需要比较复杂的过程。

（一）二元语义网络的表示

用两个节点和一条弧线可以表示一个简单的事实，对于表示占有关系的语义网络，通过允许节点既可以表示一个物体或一组物体，也可以表示情况和动作。每一情况节点可以有一组向外的弧（事例弧），称为事例框，用以说明与该事例有关的各种变量。

在选择节点时，首先要弄清节点是用于表示基本的物体或概念的，还是用于多种目的的。如果语义网络只是被用来表示一个特定的物体或概念，那么当有更多的实例时就需要更多的语义网络。

选择语义基元就是试图用一组基元来表示知识。这些基元描述基本知识，并与图解表示的形式相互联系。例如：

（1）我坐的椅子的颜色是咖啡色。

（2）椅子包套是皮革。

（3）椅子是一种家具。

（4）座位是椅子的一部分。

（5）椅子的所有者是X。

（6）X是一个人。

（二）多元语义网络的表示

语义网络是一种网络结构，节点之间以链相连。从本质上讲，节点之间的连接是二元关系。语义网络从本质上来说，只能表示二元关系，如果所要表示的事实是多元关系，则把这个多元关系转化成一组二元关系的组合，或二元关系的合取。具体来说，多元关系 $R(X_1, X_2, \cdots, X_n)$ 总可以转换成 $R_1(X_{11}, X_{12}) \wedge R_2(X_{12}, X_{22}) \wedge \cdots \wedge R_n(X_{n1}, X_{n2})$。要在语义网络中进行这种转换就需要引入附加节点。

（三）语义网络的推理过程

语义网络、框架和剧本等知识表示方法，均是对知识和事实的一种静止的表达方法，是知识的一种显式表达形式。而对于如何使用这些知识，则需要通过控制策略来决定。

和知识的陈述式表示相对应的是知识的过程式表示。所谓过程式表示，就是将有关某一问题领域的知识，连同如何使用这些知识的方法，均隐式地表达为一个求解问题的过程。它所给出的是事物的一些客观规律，表达的是如何求解问题。知识的描述形式就是程序，所有信息均隐含在程序之中。从程序求解问题的效率上来说，过程式表达要比陈述式表达高得多。但因其知识均隐含在程序中，因而难以添加新知识和扩充功能，适用范围较窄。

语义网络的推理过程：用语义网络表示知识的问题求解系统主要由两大部分组成，一部分是由语义网络构成的知识库，另一部分是用于求解的推理机制。

语义网络的推理过程主要有两种：

（1）继承：把对事物的描述从抽象节点传递到实例节点。通过继承可以得到所需节点的一些属性值，它通常是沿着 ISA、AKO 等继承弧进行的。

（2）匹配：在知识库的语义网络中寻找与待求解问题相符的语义网络模式。

两个概念：语义网络的值与槽。

（1）值：链尾部的节点称为值节点。

（2）槽：节点的槽相当于链，只是名字不同。

在语义网络中所谓的继承是指把对事物的描述从概念节点或类节点传递到实例节点。

继承的过程：

（1）"如果需要"继承：在某些情况下，当不知道槽值时，可以利用已知信息来计算。例如，可以根据积木的体积和密度来计算积木的质量。进行上述计算的程序称为 if-needed 程序。

（2）"缺省"继承：某些情况下，如果对事物所作的假设不是十分有把握，最好对所作的假设加上"可能"这样的字眼。例如，可以认为宝石可能是昂贵的，但不一定是。我们把这种具有相当程度的真实性，但是又不能十分肯定的值称为"缺省"值。

二、框架表示

框架理论是明斯基（Minsky）在视觉、自然语言对话及其他复杂行为的基础上提出的。

框架理论认为人们对现实世界中各种事物的认识都是以一种类似于框架的结构存储在记忆中的。当遇到一个新事物时，就从记忆中找出一个合适的框架，并根据新的情况对其细节加以修改、补充，从而形成对这个新事物的认识。例如，一个人走进一家从未去过的饭店之前，会根据以往的经验，想象在饭店里将看到菜单、餐桌、服务员等。至于菜单的样式、餐桌的颜色、服务员的服饰等细节，都需要在进入饭店之后通过观察来得到。这样的一种知识结构是事先可以预见到的。

根据以往经验去认识新事物的方法是人们经常采用的。但是，人们不可能把过去的经验全部存在脑子里，而只能以一种通用的数据结构形式把它们存储起来，当新情况发生时，只要把新的数据加入该通用数据结构便可形成一个具体的实体，这样的通用数据结构就称为框架。

对于一个框架，当人们把观察或认识到的具体细节填入后，就得到了该框架的一个具体实例，框架的这种具体实例称为实例框架。

在框架理论中，框架是知识的基本单位，把一组有关的框架连接起来，便可形成一个框架系统。在框架系统中，系统的行为由该系统内框架的变化来实现，系统的推理过程由框架之间的协调来完成。

（一）框架的构成

1. 框架基本结构

框架通常由描述事物的各个方面的若干槽（slot）组成，每一个槽又可以根据实际情况拥有若干侧面（aspect），每一个侧面也可以拥有若干值（value）。在框架系统中，每个框架都有自己的名字，称为框架名，同样，每个槽和侧面也都有自己的槽名和侧面名。

框架的槽值和侧面值，既可以是数字、字符串、布尔值，也可以是一个给定的操作，甚至可以是另外一个框架的名字。当其值为一个给定的操作时，系统可以通过在推理过程中调用该操作，实现对侧面值的动态计算或修改等。当其值为另一个框架的名字时，系统可以通过在推理过程中调用该框架，实现这些框架之间的联系。为了说明框架的这种基本结构，下面先看一个比较简单的框架的例子。

Frame<MASTER>

Name：Unit（Last name，First name）

Sex：Area（male，female）

Default：male

Age：Unit（Years）

Major：Unit（Major）

Field：Unit（Field）

Advisor：Unit（Last name，First name）

Project：Area（National，Provincial，other）

Default：National

Paper：Area（SCI，EI，Core，General）

Default：Core

Address：<S-Address>

Telephone：Home Unit（Number）

Mobile Unit（Number）

这个框架共有10个槽，分别描述了一个硕士研究生在姓名（Name）、性别（Sex）、年龄（Age）、专业（Major）、研究方向（Fields）、导师（Advisor）、参加项目（Project）、发表论文（Paper）、住址（Address）、电话（Telephone）10个方面的情况。其中，性别、参加项目、发表论文这三个槽中的第二个侧面均为默认值；电话槽的两个侧面分别是住宅电话（Home）和移动电话（Mobile）。该框架的每个槽或侧面都给出了相应的说明信息，这些说明信息用来指出填写槽值或侧面值时的一些格式限制。其中，单位用来指出填写槽值或侧面值时的书写格式。例如，姓名槽和导师槽应该按先写姓（Last Name）、后写名（First Name）的格式填写；学习专业槽应该按专业名（Major）填写；研究方向槽应该按方向名（Field）填写；住宅电话、移动电话侧面应按电话号码填写。范围（Area）用来指出所填写的槽值仅能在指定范围内选择槽值。例如，参加项目槽只能在国家级（National）、省级（Provincial）、其他（Other）三种级别中挑选；发表论文槽只能在SCI收录、EI收录、核心（Core）刊物、一般（General）刊物四种类型中选择槽值。默认值（Default）用来指出当相应槽没有插入槽值时，以默认值作为该槽的槽值，可以节省一些填槽工作。例如，参加项目槽，当没有填入任何信息时，就以默认值国家级（National）作为该槽的槽值；发表论文槽，当没有填入任何信息时，就以默认值核心期刊（Core）作为该槽的槽值。尖括号"<>"表示由它括起来的是框架名。例如，住址槽的槽值是学生住址框架的框架名 <S-Address>。

在框架中给出这些说明信息，可以使框架的问题描述更加清楚。但这些说明信息并非必需的，框架表示也可以进一步简化，省略其中的 Unit、Area、Default，而直接放置槽值或侧面值。

2. 多框架表示

上面给出的仅是一种框架的基本结构和一个比较简单的例子。一般来说，单个框架只能用来表示那些比较简单的知识。当知识的结构比较复杂时，往往需要用多个相互联系的框架来表示。例如分类问题，如果用多层框架结构表示，既可以使知识结构清晰，又可以减少冗余。为了便于理解，下面以硕士研究生框架为例进行说明。

这里把 MASTER 框架用两个相互联系的 Student 框架和 Master 框架来表示。其中，Master 框架是 Student 框架的一个子框架。Student 框架描述所有学生的共性，Master 框架则描述硕士研究生的个性，并继承 Student 框架的所有属性。

Frame<Student>

Name：Unit（Last name，First name）

Sex：Area（male，female，）

Default：male

Age：Unit（Years）

If-Needed：Ask-Age

Address：<S-Address>

Telephone：Home Unit（Number）

Mobile Unit（Number）

If-Needed：Ask-Telephone

Frame<MASTER>

AKO：Student

Major：Unit（Major）

  If-Needed：Ask-Major

  If-Added：Check-Major

  Field：Unit（Field）

  If-Needed：Ask-Field

  Advisor：Unit（Last name，First name）

  If-Needed：Ask-Advisor

  Project：Area（National，Provincial，Other）

  Default：National

  Paper：Area（SCI，EI，Core，General）

  Default：Core

  在 Master 框架中，用到了一个系统预定义槽名 AKO。所谓系统预定义槽名，是指框架表示法中事先定义好的可公用的一些标准槽名。框架中的预定义槽名 AKO 与语义网络中的 AKO 弧的含义相似，其直观含义为"是一种"。当 AKO 作为下层框架的槽名时，其槽值为上层框架的框架名，表示该下层框架是 AKO 槽所给出的上层框架的子框架，并且该子框架可以继承其上层框架的属性和操作。

  框架的继承技术通常由框架中设置的 3 个侧面：Default、If-Needed、If-Added 所提供的默认推理功能来组合实现。Default 侧面的作用是为相应的槽提供默认值，当其所在的槽没有提供槽值时，系统就可以此侧面值作为该槽的槽值。例如，Paper 槽的默认值为 Core。If-Needed 侧面的作用是提供一个为相应槽赋值的过程，当某个槽不能提供统一的默认值时，可在该槽增加一个 If-Needed 侧面，系统通过调用该侧面提供的过程，产生相应的属性值。例如，Age 槽、Telephone 槽等。If-Added 侧面的作用是提供一个因相应槽的槽值变化而引起的后继处理过程，当某个槽的槽值变化会影响相关的槽时，需要在该槽增加一个 If-Add-ed 侧面，系统通过调用该侧面提供的过程去完成对其相关槽的后继处理。例如，Major 槽，由于 Major 的变化，可能引起 Field 和 Advisor 的变化，因为需要调用 If-Added 侧面提供的 Check-Major 过程进行后继处理。

3. 框架系统

当用框架来描述一个复杂知识时，往往需要用一组相互联系的框架来表示，这组相互联系的框架称为框架系统。在实际应用中，绝大多数的问题都是用框架系统来表示的。

（二）框架的推理

在框架系统中，问题的求解主要是通过对框架的继承、匹配、填槽来实现的。当需要求解问题时，首先要把该问题用框架表示出来。其次利用框架之间的继承关系，把它与知识库中的已有框架进行匹配，找出一个或多个候选框架，并在这些候选框架引导下进一步获取附加信息，填充尽量多的槽值，以建立一个描述当前情况的实例。最后用某种评价方法对候选框架进行评价，以决定是否接收该框架。

1. 特性继承

框架系统的特性继承主要是通过 ISA 和 AKO 链来实现的。当需要查询某一事物的某个属性，且描述该事务的框架为提供其属性值时，系统就沿 ISA 和 AKO 链追溯到具有相同槽的类或超类框架。这时，如果该槽提供有 Default 侧面值，就继承该默认值作为查询结果返回。相反，如果该槽提供有 If-Needed 侧面值继承，则执行 If-Needed 操作，去产生一个值作为查询结果。如果对某个事物的某一属性进行了赋值或修改操作，则系统会自动沿 ISA 和 AKO 链追溯到具有相应的类或超类的框架，只要发现类或超类框架中的同名槽具有 If-Added 侧面，就执行 If-Added 操作，进行相应的后继处理。

If-Needed 操作和 If-Added 操作的主要区别在于，它们的激活时机和操作目的不同。If-Needed 操作是在系统试图查询某个事物框架中未记载的属性值时激活，并根据查询要求，被动地及时产生所需要的属性值。If-Added 操作是在系统对某个事物框架的属性做赋值或修改工作后激活，目的在于通过规定的后继处理，主动做好配套操作，以消除可能存在的不一致问题。

2. 框架的匹配和填槽

框架的匹配实际上是通过对相应槽的槽名和槽值逐个进行比较来实现的。如果两个框的各对应槽没有矛盾，或者满足预先规定的某些条件，就认为这两个框架可以匹配。由于框架间存在继承关系,一个框架所描述的某些属性及属性值可能是从超类框架继承过来的,因此,两个框架的比较往往会涉及超类框架,这就增加了匹配的复杂性。

框架系统的问题求解过程与人类求解问题的思维过程有许多相似之处。根据当前已知条件对知识库中的框架进行部分匹配,找出预选框架,由这些框架中其他槽的内容及框架间的联系得到启发,提出进一步的要求,使问题的求解向前推进一步。重复这一过程,直到问题得到最终解决。

第四节 脚本表示法与面向对象的知识表示

一、脚本表示法

脚本表示法是根据概念依赖理论提出的一种知识表示方法。脚本与框架类似,由一组槽组成,用来表示特定领域内一些事件发生的序列。

（一）脚本的定义与组成

在人类的知识中,常识性知识是数量最大、涉及面最广、关系最复杂的知识,很难把它们形式化地表示出来交给计算机处理。面对这一难题,夏克（P.C.Schank）提出了概念依赖理论,其基本思想是把人类生活中各类故事情节的基本概念抽取出来,构成一组原子概念,确定这些原子概念间的相互依赖关系,然后把所有故事情节都用这组原子概念及其依赖关系表示出来。

由于个人的经历不同,考虑问题的角度和方法不同,因此,抽象出来的原子概念也不尽相同,但一些基本的要求是应该遵守的。例如,原子概念不能有二义性,各原子概念应该相互独立,等等。夏克在其研制的SAM（script applier mechanism）中对动作一类的概念进行原子化,抽取了11种原子动作,并把它们作为槽来表示一些基本行为。这11种原子动作为:

（1）PROPEL 表示对某一对象施加外力,如推、拉、打等。

（2）GRASP 表示行为主体控制某一对象,如抓起某件东西、扔掉某件东西等。

（3）MOVE 表示行为主体变换自己身体的某一部位,如抬手、蹬腿、站起、坐下等。

（4）ATRANS 表示某种抽象关系的转移，如把某物交给另一个人时，该物的所有关系就发生了转移。

（5）PTRANS 表示某一物理对象物理位置的改变，如某人从某一处走到另一处，其物理位置发生了变化。

（6）ATTEND 表示某个感官获取信息，如用眼睛看或用耳朵听等。

（7）INGEST 表示把某物放入体内，如吃饭、喝水等。

（8）EXPEL 表示把某物排出体外，如落泪、呕吐等。

（9）SPEAK 表示发出声音，如唱歌、喊叫、说话等。

（10）MTRANS 表示信息的转移，如看电视、窃听、交谈、读报等。

（11）MBUILD 表示由已有信息生成新信息。

夏克利用这 11 种原子概念及其依赖关系，把生活中的事件编制成脚本，每个脚本代表一类事件，并把事件的典型情节规范化。当接收一个故事时，就找出一个相应的脚本与之相匹配，根据事先安排的脚本情节来理解故事，从而得到了脚本这种知识表示方法。

脚本表示法的基本思想是人类的日常行为可以表示为一个叙事体，这一叙事体可能由许多语句构成，句子的意思表达以行为（action）为中心，但句子的行为不是由动词表示，而是由原语行为集表示，其中原语是包含动词意义的概念。换句话说，行为是由动词的概念表示，而不是由动词本身表示。

脚本（script）是特定范围内原型事件的结构，是框架的一种特殊情况，它用一组槽来描述某些事件发生的序列。例如，它可以表示餐厅、超市、教学大楼的场景。对于餐厅的脚本可以包括进入餐厅、看菜单、订餐、上饭菜、吃饭、付账、离开餐厅等。每一个场景都有一系列事件发生。脚本一般由以下几部分组成：

（1）进入条件：指出脚本所描述的事件发生的先决条件，即前提条件。

（2）场景：事件发生的顺序，事件基于概念依赖来描述。

（3）角色：用来表示事件中的人物。

（4）道具：用来表示事件中可能出现的物体。

（5）轨迹：用来表示通用模式的一些细节上的变化，可用特殊的脚本表示。

（6）结果：脚本所描述的事件发生之后的结果。

（二）用脚本表示知识的步骤

用脚本表示知识可以由以下几个步骤组成：

（1）确定脚本运行的条件，脚本中涉及的角色、道具。

（2）分析所要表示的知识中的动作行为，划分故事情节，并将每个故事情节抽象为一个概念，作为分场景的名字，每个分场景描述一个故事情节。

（3）抽取各个故事情节（或分场景）中的概念，构成一个原语集，分析并确定原语集中各原语间的互相依赖关系与逻辑关系。

（4）把所有的故事情节都以原语集中的概念及它们之间的从属关系表示出来，确定脚本的场景序列，每一个子场景可能由一组原语序列构成。

（5）给出脚本运行后的结局。

（三）用脚本表示知识的推理方法

由脚本的组成可以看出，脚本表示法以事实或事件的描述结果为一个因果链。链头即脚本的进入条件，只有当这些进入条件被满足时，用脚本表示的事件才能发生；链尾是一组结果，只有当这一组结果产生后，脚本所描述的事件才算结束，其后的事件或事件序列才能发生。

用脚本表示问题求解的系统包含知识库和推理机制。知识库中的知识用脚本表示，一般情况下，知识库中包含了许多事先写好的脚本，每一个脚本都是对某一类型的事件或知识的描述。求解问题时，根据问题求解系统中的推理机制，利用脚本中因果链实现问题的推理求解。

（四）脚本表示法的特点

根据上述内容可以看出，脚本表示法具有如下特点：

1. 自然性

脚本表示法体现了人们在观察事物时的思维活动，组织形式类似于日常生活中的电影剧本，对于表达预先构思好的特定知识（如理解故事情节等）

是非常有效的。

2. 结构性

由于脚本表示法是一种特殊的框架表示法，框架表示法善于表达结构性的知识特点。它能够把知识的内部结构关系及知识间的联系表示出来，是一种结构化的知识表示方法。一个脚本也可以由多个槽组成，槽又可分为若干侧面，这样就能把知识的内部结构显式地表示出来。

脚本表示法同样拥有一定的缺点：它对知识的表示比较呆板，所表示的知识范围也比较小，因此不太适合用来表达各种各样的知识。脚本表示法目前主要应用于自然语言处理领域的篇章理解。

二、面向对象的知识表示

面向对象是 20 世纪 90 年代软件的核心技术之一，并已在计算机学科的诸多领域中得到了成功应用。在人工智能领域，人们已经把面向对象的思想、方法用于智能系统的设计与开发，并在知识表示、知识库组成与管理、专家系统设计等方面取得了较大的进展。

（一）面向对象的基本概念

1. 对象

对象是客观世界中的任意事物，即客观世界中任何事物在一定条件下都可以成为被认识和研究的对象。可见，世界上的任何事物都是由对象组成的，对象可以大到整个宇宙，也可以小到一个原子。例如，一个国家、一个学校、一个人、一堂课，都可以是一个对象。

按照哲学的观点，对象有两重性，即对象的静态描述和动态描述。其中，静态描述表示对象的类别属性，动态描述表示对象的行为特性。它们之间既相互影响，又相互依存。在面向对象系统中，对象是系统中的基本单位，它的静态描述可以表示为一个四元组：

对象 =（ID，DT，OP，FC）

其中，ID 是对象的名字；DT 是对象的数据；OP 是对象的操作；FC 是对象的对外接口。

对象的内部操作分为两类：一类是修改自身属性的状态操作，另一类是产生输出结果的操作。可见，对象是把数据和操作该数据的代码封装在一起的实体。

2. 类

类是一种对象类型，描述同一类型对象的共同特征。这种特征包含操作特征和存储特征。类具有继承性，一个类可以是某一类的子类，子类可以继承父类的所有特征。类的每一个对象都可以作为该类的一个实例。

类可以用一个五元组形式的描述：

类 =（ID，INH，DT，OI，IF）

其中，ID、DT 与对象中的含义类似；INH 是类的继承描述；OI 是操作集；IF 是对外接口。

3. 消息与方法

消息传递是对象之间进行通信的唯一手段，一个对象可以通过传递的消息与别的对象建立联系。所谓消息是对象之间互相请求或互相协作的途径，是要求某个对象执行其中某个功能操作的规格说明。消息的功能是请求对象执行某种操作。所谓方法是对对象实施各种操作的描述，即消息的具体实现。

（二）面向对象方法学的主要观点

原则上，前面所讨论的各种知识表示方法都可以用面向对象的方法来描述。对不同的知识表示方法，其描述方式会有所差别。面向对象的基本特征主要包括：

1. 模块性

在面向对象系统中，对象是一个可以独立运行的实体，其内部状态不直接受外界影响，它具有模块化的两个重要特性：抽象和信息隐蔽。模块性是设计良好软件系统的基本属性。

2. 封装性

封装是一种信息隐蔽技术。它是指把一个数据和与这个数据有关的操作集合放在一起，形成一个封装体，外界只需要知道其功能而不必知道实现细节即可使用。对象作为一个封装体，可以把其使用者和设计者分开，从而便于进行软件的开发。

3. 继承性

继承所表达的是一种对象类之间的相交关系，它使得某类对象可以继承另一类对象的特征和能力。继承性是通过类的派生来实现的，如果一个父类派生了一个子类，则子类可以继承其父类的数据和操作。继承性可以减少信息冗余，实现信息共享。

4. 多态性

所谓多态性，是指一个名字可以有多种含义。例如，运算符"+"，它可以做整数的"+"，也可以做实数的"+"，甚至还可以做其他数据类型的"+"。尽管它们使用的运算符号相同，但所对应的代码却不同，究竟使用哪些代码，由运算时的入口参数的数据类型来确定。

5. 易维护性

由于对象实现了抽象和封装，使得一个对象可能出现的错误仅限于自身，而不易向外传播，这就便于系统的维护。同时，利用对象的继承性，还可以很方便地进行渐增型程序设计。

第三章 搜索方式

第一节 搜索过程与问题分析

人工智能早期的目的是通过计算技术来求解这样一些问题：它们不存在已知的求解算法或求解方法非常复杂，人使用其自身的智能能较好地求解。人们在分析和研究了人运用智能求解的方法后，发现许多问题的求解都是采用试探的搜索方法，即在一个可能的求解空间中寻找一个满意解。为模拟这些试探性的问题求解过程而发展的一种技术就称为"搜索"。

搜索是利用计算机强大的计算能力来解决凭人自身的智能可以解决的问题。其思路很简单，就是把问题的各个可能的解交给计算机来处理，从中找出问题的最终解或一个较为满意的解，从而可以用接近算法的角度，把搜索的过程理解为根据初始条件和扩展规则构造的一个解答空间，并在这个空间中寻找符合目标状态的过程。

一、通过搜索求解问题的思路和步骤

通过搜索求解问题的前提是凭人自身的智能可以解决。因此在搜索之前应对问题有充分的认识，再考虑使用合适的搜索算法。一般在搜索时要定义状态空间 Q（它包含所占可能的问题状态）、初始状态集合 S、操作符集合 F 及目标状态集合。因此，可把状态空间记为三元组（S，F，G），其中 $S \subset Q, G \subset Q$。

通过搜索求解问题的基本思路如下：

（1）将问题中的已知条件看成状态空间中的初始状态，将问题中要求

达到的目标看成状态空间中的目标状态，将问题中其他可能发生的情况看成状态空间的任意状态；

（2）设法在状态空间中寻找一条路径，实现由初始状态出发，能够沿着这条路径达到目标状态。

通过搜索求解问题的基本步骤如下：

（1）根据问题定义出相应的状态空间，确定出状态的一般表示，它含有相关对象各种可能的排列。当然，这里仅仅是定义这个空间，而不必（有时也不可能）枚举出该状态空间的所有状态，但由此可以得出问题的初始状态、目标状态，并能够给出所有其他状态的一般表示。

（2）规定一组操作（算子），使它能够作用于一个状态过渡到另一个状态。

（3）决定一种搜索策略，使其能够实现从初始状态出发，沿某个路径达到目标状态。问题求解的过程是应用规则和相应的控制策略去遍历或搜索问题空间，直到找出从初始状态到目标状态的某条路径。由此可见，搜索是问题求解的基本技术之一。

二、问题的特征分析

为选择最适合于某一特定问题的搜索方法，需要对问题的几个关键指标或特征加以分析。一般要考虑以下几点：

（1）问题可分解成一组独立的、更小的、更容易解决的子问题吗？

（2）当结果表明解题步骤不合适时，能忽略或撤回该步骤吗？

（3）问题的全域可预测吗？

（4）在未与所有其他能解作比较之前，能确定当前的解是最好的解吗？

（5）用于求解问题的知识库是相容的吗？

（6）求解问题一定需要大量的知识吗？或者说，有大量知识时，搜索应加以限制吗？

（7）在求解问题的过程中，需要人机交互吗？

如果问题能分解成若干子问题，则将子问题解出后，原问题的解也就求出来了。这种求解问题的方法称为问题的归纳。

（一）问题求解步骤的撤回

在问题求解的每一步完成后，分析一下它的搜索"踪迹"，可分为以下几点。

1. 求解步骤可忽略

如定理证明，要证明的每一条定理都为真，且都保存在知识库里。某个定理是怎样推导出来的对下一步的推导并不重要，它有可能由多种方法推导出来，重要的是它的推导要正确。因而它的搜索控制结构不需要回溯。

2. 可撤回

如走迷宫，实在走不通，可退回一步重来。这种搜索需用回溯技术，保证可以退回。例如，需用一定的控制结构，采用堆栈技术。

3. 不可撤回

如下棋、做决策等问题，要提前分析每走一步后会导致的结果，不可回头重来。这种搜索需要使用规划技术。

（二）问题全域的可预测性

有些问题的全域可预测，该问题空间有哪些状态是可以预测的，问题结局是肯定的，可采用开环控制结构。

有些问题的全域不可预测，如变化环境下机器人的控制，特别是危险环境下工作的机器人随时可能出意外，必须利用反馈信息，应使用闭环控制结构。

（三）问题要求的解的满意度

解的要求不同，采用的策略也不同。一般说来，最佳路径问题的计算比次优路径问题的计算要困难。使用提示来寻找好的路径的启发式方法常常只需要花费少量的时间，便可找出问题求解的任意路径。如果使用的启发式方法不理想，那么对这个解的搜索就不可能很顺利。有些问题要求找出真正的最佳路径，可能任何启发式方法都不适用。因此，必须进行耗尽式搜索，也就是下一节要讲到的盲目搜索方法。

第二节 搜索的基本策略

本节主要讨论搜索的基本策略，即怎样搜索才可以最有效地达到目标。根据扩展利用问题的特征信息的方式，搜索的基本策略可分为盲目搜索、启发式搜索和随机搜索。

如果扩展没有利用问题的特征信息，一般的搜索方式与我们平时找东西的策略可以说是相同的。

当我们在慌乱之中寻找东西的时候通常使用的就是随机搜索。

当我们在清醒时，有条理地寻找东西的方法大致可以分成两类：一种是找眼镜模式，指的是眼镜掉了的时候，我们总是从最近的地方开始寻找，慢慢地扩大搜索的范围；另一种是走迷宫模式，指的是在走迷宫的时候，我们由于无法分身只能一条路走到底，走不通再回溯。

下边按扩展利用问题的特征信息的方式，分别介绍盲目搜索、启发式搜索和随机搜索。

一、状态空间的盲目搜索

人工智能虽有多个研究领域，而且每个研究领域又各有自己的规律和特点，但仔细分析可知，它们解决现实问题的过程都是一个"问题求解"的过程。问题求解的过程实际是一个搜索过程。为了进行搜索，首先必须用某种形式把问题表示出来，其表示是否恰当，将直接影响搜索效率。状态空间表示法就是用来表示问题及其搜索过程的一种方法。它是人工智能中最基本的形式化方法，也是讨论问题求解技术的基础。用搜索技术来求解问题的系统均定义为一个状态空间，并通过适当的搜索算法在状态空间中搜索解答，或搜索解答路径。状态空间搜索的研究焦点在于设计高效的搜索算法，以降低搜索代价并解决组合爆炸问题。

一个复杂问题的状态空间一般都是十分庞大的。另外，把问题的全部状态空间都存到计算机中也是不必要的，因为对一个确定的具体问题来说，与解有关的状态空间往往只是整个状态空间的一部分，所以只要能生成并存储这部分状态空间就可求得问题的解。这样，不仅可以避免生成无用的状态，提高问题的求解效率，而且可以节省存储空间。但是，对一个具体问题，如何生成它所需要的部分状态空间，从而实现对问题的求解呢？在人工智能中是通过搜索技术来解决这一问题的。其基本思想是：首先把问题的初始状态（初始节点）作为当前状态，选择适用的算符对其进行操作，生成一组子状态（或称后继状态、后继节点、子节点）。其次检查目标状态是否在其中出现。若出现，则搜索成功，找到了问题的解；若未出现，则按某种搜索策略从已生成的状态中再选一个状态作为当前状态。重复上述过程，直到目标状态出现或者不再有可供操作的状态或算符。

下面列出状态空间的一般搜索过程。在此之前先对搜索过程中要用到的两个数据结构（OPEN 表与 CLOSED 表）做简单说明。

OPEN 表用于存放刚生成的节点，其形式如表 3-1 所示。对于不同的搜索策略，节点在 OPEN 表中的排列顺序是不同的。例如对宽度优先搜索，节点按生成的顺序排列，先生成的节点排在前面，后生成的节点排在后面。

表 3-1 OPEN 表

状态节点	父节点

CLOSED 表用于存放将要扩展或者已扩展的节点，其形式如表 3-2 所示。所谓对一个节点进行"扩展"，是指用合适的算符对该节点进行操作，生成一组子节点。

表 3-2 CLOSED 表

编号	状态节点	父节点

搜索的一般过程如下。

（1）把初始节点 S_0 放入 OPEN 表，并建立目前只包含 S_0 的图记为 G。

（2）检查 OPEN 表是否为空，若为空则问题无解，退出。

（3）把 OPEN 表的第一个节点取出，放入 CLOSED 表，并记该节点为节点 n。

（4）考察节点 n 是否为目标节点。若是，则求得了问题的解，退出；若不是，则继续步骤（5）。

（5）扩展节点 n，生成一组子节点。把其中不是节点 n 先辈的那些子节点归入集合 M，并把这些子节点作为节点 n 的子节点加入 G 中。

（6）针对 M 中子节点的不同情况，分别进行如下处理：

①对于那些未曾在 G 中出现过的 M 成员，设置一个指向父节点（节点 n）的指针，并把它们放入 OPEN 表；

②对于那些先前已在 G 中出现过的 M 成员，确定是否需要修改它指向父节点的指针；

③对于那些先前已在 G 中出现并且已经扩展了的 M 成员，确定是否需要修改其后继节点指向父节点的指针。

（7）按某种搜索策略对 OPEN 表中的节点进行排序。

（8）转至第（2）步。

根据状态空间搜索的一般过程，可以发现，提高搜索效率的关键在于优化 OPEN 表中节点的排序方式。若每次排在表首的节点都在最终搜索到的解路径上，则搜索算法不会扩展任何多余的打点就可快速结束搜索。因此节点在 OPEN 表中的排序方式成为研究搜索算法的焦点，并由此形成了多种搜索策略。

一种简单的排序策略就是按预先确定的顺序或随机地对新加入 OPEN 表中的节点进行排序，由此得到盲目搜索策略。盲目搜索又称为非启发式搜索，是一种无信息搜索，一般只适用于求解比较简单的问题。下面将要讨论的几个搜索方法，它们均属于盲目搜索方法。

这种盲目的搜索策略根据搜索顺序的不同，可以划分为宽度优先搜索和深度优先搜索两种搜索策略。

1. 宽度优先搜索

在一个搜索树中，如果搜索是以同层邻近节点依次扩展节点的，那么这种搜索就叫宽度优先搜索（breadth-first search）。宽度优先搜索又称为广度优先搜索，是一种盲目搜索策略。其基本思想是，从初始节点开始，逐层对节点进行依次扩展,并考察它是否为目标节点,在对下层节点进行扩展(或搜索)之前,必须完成对当前层的所有节点的扩展(或搜索)。其搜索过程如图 3-1 所示。

需注意的是,在本节讨论的盲目搜索算法中,存放节点都采用一种简单的数据结构表,表示为将节点按一定的顺序用逗号隔开,放在一对括号中,在表的首部和尾部都可以加入和删除节点。

宽度优先搜索算法的搜索步骤如下:

(1)把初始节点 S_0 放入 OPEN 表中。

(2)如果 OPEN 表是空表,则没有解,失败退出。否则继续。

(3)把 OPEN 表中的第一个节点(记为节点 n)移出,并放入 CLOSED 表中。

(4)判断节点 n 是否为目标节点,若是,则求解结束,并用回溯法找出解的路径,退出。否则继续。

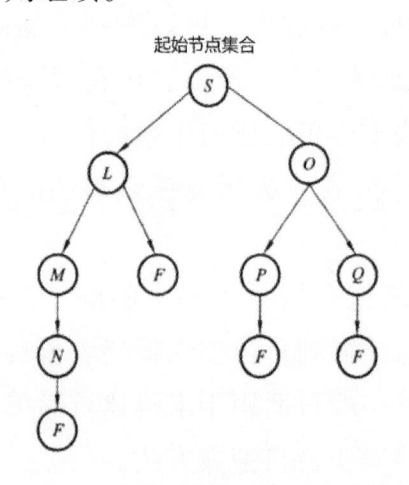

图 3-1 宽度优先搜索的搜索过程示意图

(5)判断节点 n 是否可扩展。若节点 n 不可扩展,则转至步骤(2)。否则继续。

(6)对节点 n 进行扩展,将它的所有后继节点放入 OPEN 表的尾部,并为这些后继节点设置指向父节点 n 的指针,然后转至步骤(2)。

宽度优先搜索的盲目性较大,当目标节点距离初始节点较远时,将产生大量的无用节点。搜索效率低，这是它的缺点。但是，只要问题有解，用宽度优先搜索总可以找到它的解，而且，该解是搜索树中从初始节点到目标节点的路径最短的解，也就是说，宽度优先搜索策略是完备的。

2. 深度优先搜索

与宽度优先搜索对应的另一种盲目搜索叫作深度优先搜索。在深度优先搜索中，首先扩展最新产生的（最深的）节点到 CLOSED 表中。深度相等的节点可以任意排列。

深度优先搜索的基本思想是：从初始节点 S_0 开始，在其子节点中选择一个节点进行考察，若该节点不是目标节点则再在该子节点的子节点中选择一个节点进行考察，一直如此向下搜索；当到达某个子节点，且该子节点既不是目标打点又不能继续扩展时，才选择其兄弟节点进行考察。其搜索过程如下。

（1）把初始节点 S_0 放入 OPEN 表。

（2）如果 OPEN 表为空，则问题无解，退出。否则继续。

（3）把 OPEN 表的第一个节点（记为节点 n）取出，放入 CLOSED 表中。

（4）考察节点 n 是否为目标节点。若是，则求得问题的解，退出。否则继续。

（5）考察节点 n 是否可扩展。若节点 n 不可扩展，则转至第（2）步。否则继续。

（6）扩展节点 n，将其子节点放入 OPEN 表的首部，并为其配置指向父节点的指针，然后转至第（2）步。

该过程与宽度优先搜索的唯一区别是：宽度优先搜索是将节点 n 的子节点放入 OPEN 表的尾部；而深度优先搜索是把节点 n 的子节点放入 OPEN 表的首部。仅此一点不同，就使得搜索的路线完全不一样。

在深度优先搜索中，搜索一旦进入某个分支，将沿着该分支一直向下搜索。如果目标节点恰好在此分支上，则可较快地得到解。但是，如果目标节点不在此分支上，而该分支又是一个无穷分支，则不可能得到解。所以深度优先搜索是不完备的，即使问题有解，它也不一定能求得解。另外，用深度优先搜索求得的解，不一定是路径最短的解，其道理是显而易见的。

（1）有界深度优先搜索。

为了解决深度优先搜索不完备的问题，避免搜索过程陷入无穷分支的死循环，有界深度优先搜索方法被提出。有界深度优先搜索的基本思想是对深度优先搜索引入搜索深度的界限（设为 d_m），当搜索深度达到了深度界限，而尚未出现目标节点时，就换一个分支进行搜索。

有界深度优先搜索的搜索过程如下：

①把初始节点 S_0 放入 OPEN 表中，置 S_0 的深度 $d(S_0)=0$。

②如果 OPEN 表为空，则问题无解，退出。否则继续。

③把 OPEN 表中的第一个节点（记为节点 n）取出，放入 CLOSED 表。

④考察节点 n 是否为目标节点。若是，则求得了问题的解，退出。若不是，则继续。

⑤如果节点 n 的深 $d(n)=d_m$，则转至第②步。若不等于，则继续。

⑥考察节点 n 是否可扩展。若节点 n 不可扩展，则转至第②步。否则继续。

⑦扩展节点 n，将其子节点放入 OPEN 表的首部，并为其配置指向父节点的指针，然后转至第②步。

如果问题有解，且其路径长度小于或等于 d_m 则上述搜索过程定能求得解。但是，若解的路径长度大于 d_m，则上述搜索过程就得不到解。这说明在有界深度优先搜索中，深度界限的选择是很重要的。但这并不是说深度界限越大越好，因为当 d_m 太大时，搜索时将产生许多无用的子节点，既浪费了计算机的存储空间与运行时间，又降低了搜索效率。

（2）迭代加深搜索。

由于解的路径长度事先难以预料，所以要恰当地给出 d_m 的值是比较困难的。另外，即使能求出解，也不一定是最优解。为此，可采用下述办法进行改进：

先任意给定一个较小的数作为 d_m，然后进行上述有界深度优先搜索，当搜索达到了指定的深度界限 d_m 仍未发现目标节点，并且 CLOSED 表中仍有待扩展节点时，就将这些节点送回 OPEN 表，同时增大深度界限 d_m，继续向下搜索。如此不断地增大 d_m，只要问题有解，就一定可以找到它。但此时找到的解不一定是最优解。为找到最优解，可增设一个表，每找到一个目标节点后，就把它放入该表的首部，并令 d_m 等于该目标节点所对应的路径长度，然后继续搜索。由于后求得的解的路径长度不会超过先求得的解的路径长度，所以最后求得的解一定是最优解。

这就是迭代加深搜索的基本思想，其算法如下：

①设置当前深度界限 d_m =0。

②把 S_0 放入 OPEN 表中，置£的深度 $d(S_0)$ =0。

③若 OPEN 表为空，则转至步骤⑧。否则继续。

④取 OPEN 表中首部第一个节点放入 CLOSED 表中，令该节点为 x 并以顺序编号（1,2，…,n）。

⑤若节点 x 的深度 $d(x) = d_m$（深度界限），或者节点 x 无子节点，则转至步骤⑧。否则继续。

⑥若目标状态节点就是节点 x，则成功，结束。否则继续。

⑦扩展节点 x，将其所有子节点 x_1 配上指向 x_1 的返回指针后依次放入 OPEN 表的首部，$d(x_1) = d(x) + 1$，转至步骤③。

⑧若 d_m 小于最大节点深度，则 d_m+1，返回步骤②。否则，搜索失败，退出。

迭代加深搜索试图尝试所有可能的深度界限：首先深度为 0，然后为 1，2……一直进行下去。由于很多节点可能重复搜索，因此迭代加深搜索看起来会很浪费时间和存储空间，但实际上前一次搜索与后一次相比是微不足道的，这是因为一棵树的分支因子很大时，几乎所有的节点都在底层，对于上面各层次节点的多次重复扩展，对整个系统来说影响不是很大。

3. 有代价的搜索策略

在前面的搜索算法讨论中，没有考虑搜索的代价问题，即假设状态空间图中各节点之间有向边的代价是相同的，且都为一个单位量，也就是说从状态空间图中的任一个状态转换到另一个状态所付出的代价是一样的。由此，在求解一个问题时，所付出的总代价即从状态空间图的初始节点到达目标节点的解路径的长度。然而，在实际问题求解中，将一个状态变换成另一个状态时所付出的操作代价（或费用）往往是不一样的，也就是状态空间图中各有向边的代价是不一样的。那么采用何种搜索策略，才能保证付出的代价最小呢？

像前面所说的，不可能将状态空间图的全部状态节点输入计算机中，计算机仅仅存储逐步扩展过程中所形成的搜索树。把有向边上标有代价的搜索树称为代价搜索树，以下简称代价树。

在代价树中把从节点 i 到其后继节点 j 的路径之代价记为 $c(i,j)$，而把从初始节点 S_0 到任意节点 x 的路径代价记为 $g(x)$，则 $g(j)=g(i)+c(i,j)$。

（1）代价树的宽度优先搜索。

代价树的宽度优先搜索算法的基本思想是每次从 OPEN 表中选择一个代价最小的节点，移入 COLSED 表。因此，每当对一节点扩展之后，就要计算其所有后继节点的代价，并将它们与 OPEN 表中已有的待扩展的节点按代价的大小从小到大依次排序。而从 OPEN 表选择被扩展节点时即选择排在最前面的节点（代价最小）。

代价树的宽度优先搜索算法如下。

①把初始节点 S_0 放入 OPEN 表，$g(S_0)=0$。

②如果 OPEN 表为空，则问题无解，退出。否则继续。

③把 OPEN 表中代价最小的节点，即排在前端的第一个节点（记为节点 n），移入 CLOSED 表中。

④如果节点 n 是目标节点，则求得问题的解，退出。否则继续。

⑤判断节点 n 是否可扩展，若不可扩展则转至步骤②，否则转至步骤⑥。

⑥对节点 n 进行扩展，将它们所有的后继节点放入 OPEN 表中，并对每个后继节点 j 计算其代价 $g(j)=g(n)+c(i,j)$，为每个后继节点设置指向节点 n 的指针。

⑦对 OPEN 表中的所有节点按其代价进行从小到大的排序。转至步骤②。

（2）代价树的深度优先搜索。

代价树的深度优先搜索和宽度优先搜索的区别是：宽度优先搜索算法每次从 OPEN 表的全体节点中选择代价最小的节点移入 CLOSED 表中，并对这一节点进行扩展或判断（是否为目标节点）；而深度优先搜索法则是从刚刚扩展的节点的后继节点中选择一个代价最小的节点移入 CLOSED 表中，并进行扩展或判断。

代价树的深度优先搜索算法如下：

（1）把初始节点 S_0 放入 OPEN 表中。

（2）如果 OPEN 表为空，则问题无解，退出。否则继续。

（3）把 OPEN 表的第一个节点（记为节点 n）取出，放入 CLOSED 表。

（4）考察节点 n 是否为目标节点。若是，则求得了问题的解，退出。若不是，则继续。

（5）考察节点 n 是否可扩展。若节点 n 不可扩展，则转至第（2）步。若可扩展，则继续。

（6）扩展节点 n，将其子节点按边代价从小到大的顺序放到 OPEN 表的首部，并为各子节点配置指向父节点的指针，然后转至第（2）步。

在第（6）步中提到按"边代价"对子节点排序，这是因为子节点 x_2 的代价 $g(x_2)$ 为

$$g(x_2)=g(x_1)+c(x_1,x_2)$$

式中，x_1 为 x_2 的父节点。由于在代价树的深度优先搜索中，只是从子节点中选取代价最小者，因此对各子节点代价的比较实质上是对边代价 c 的比较，它们的父节点都是 x_1，有相同的 $g(x_1)$。

二、状态空间的启发式搜索

前面讨论的各种搜索方法都是非启发式搜索，它们或者是按事先规定的路线进行搜索，或者是按已经付出的代价决定下一步要搜索的节点。例如，宽度优先搜索是按"层"进行搜索的，先进入 OPEN 表的节点先被考察。深度优先搜索是沿着纵深方向进行搜索的，后进入 OPEN 表的节点先被考察。代价树的宽度优先搜索是根据表中全体节点已付出的代价（从初始节点到该节点路径上的代价）来决定哪一个节点先被考察。代价树的深度优先搜索是在当前节点的子节点中挑选代价最小的节点，作为下一个被考察的节点。它们的一个共同特点是都没有利用问题本身的特征信息，在决定要被扩展的节点时，都没有考虑该节点在解的路径上的可能性有多大，是否有利于问题求解，以及求出的解是否为最优解等。因此，这些搜索方法都具有较大的盲目性，产生的无用节点较多，搜索空间较大，效率不高。为了克服这些局限性，可用启发式搜索。

启发式搜索要用到问题自身的某些特征信息，以指导搜索朝着最有希望的方向前进。由于这种搜索针对性较强，因此原则上只需要搜索问题的部分状态空间，效率较高。

（一）启发信息与估价函数

在搜索过程中，关键的一步是确定如何选择下一个要被考察的节点，不同的选择方法即不同的搜索策略。如果在确定要被考察的节点时，能够利用被求解问题的有关特征信息估计出各节点的重要性，那么就可以选择重要性较高的节点进行扩展，以便提高求解的效率。像这样可用于指导搜索过程且与具体问题求解有关的控制性信息被称为启发信息。其实，启发信息按其作用可以分为以下三种。

（1）用于决定要扩展的下一个节点，以免像在宽度优先搜索或深度优先搜索中那样盲目地扩展。

（2）在扩展一个节点的过程中，用于决定要生成哪一个或哪几个后继节点，以免盲目地同时生成所有可能的后继节点。

（3）用于确定某些应该从搜索树中抛弃或修剪的节点。

本节所描述的启发信息实际上属于第一种启发信息，即决定哪个节点是下一步要扩展的节点，把这一节点称为"最有希望的节点"。那么，如何度量节点的"希望"程度呢？当然可以有多种方法，但不同的方法所考虑的与该问题相关的属性有所不同，通常可以构造一个函数来表示节点的"希望"程度，我们称这种函数为估价函数。

估价函数的任务就是估计待搜索节点的重要程度，给它们排定次序。如果设估价函数是$f(x)$，则$f(x)$时可以是任意一种函数。如$f(x)$可以表示节点x处于最佳路径上的概率，也可以表示节点x到目标节点之间的距离。一般来说，估计一个节点的价值时必须考虑两方面的因素：已经付出的代价和将要付出的代价。我们把估价函数$f(x)$定义为从初始节点，经过节点x到达目标节点的最小路径的代价估计值。它的一般形式为

$$f(x) = g(x) + h(x)$$

式中，$g(x)$——初始节点S_0到节点x已实际付出的代价；

$h(x)$——从节点工到目标节点S_0的最优路径的估计代价。搜索的启发信息主要由$h(x)$来体现，故把$h(x)$称为后发函数。实际代价$g(x)$可以根据已生成的搜索树计算，而启发函数$h(x)$却依赖某种经验估计，它源于人们对问题的解的某种认识，即对问题解的一些特征的了解。这些特征可以帮助人们很快地找到问题的解。

估价函数$f(x)$综合考虑了从初始节点S_0到目标节点S_0的代价，是一个估算值。它的作用是帮助确定OPEN表中各待扩展节点的"希望"程度，决定它们在OPEN表中的排列次序。一般情况下，在$f(x)$中，$g(x)$的比重越大，搜索方式就越倾向于宽度优先搜索方式；$h(x)$的比重越大，就越倾向于深度优先搜索方式。$g(x)$的作用一般不可忽视，因为它代表了从初始节点到达目标节点的总代价估值中实际已付出的代价。$g(x)$体现了搜索的宽度优先趋势，这有利于搜索算法的完备性，但影响算法的搜索效率。$h(x)$体

现了搜索的深度优先趋势，当 $g(x) \leqslant h(x)$ 时，可以忽略 $g(x)$，这时 $f(x)$ = $h(x)$，这有利于搜索效率的提高，但会影响搜索算法的完备性，即有可能找不到问题的解。

估价函数是针对具体问题构造的，是与问题特性密切相关的。不同的问题，其估价函数可能不同。在构造估价函数时，依赖于问题特性的启发函数 $h(x)$ 的构造尤为重要。

在构造启发函数时，要考虑两个方面因素的影响：一个是搜索工作量，另一个是搜索代价。有些启发信息虽然可以大大减少搜索的工作量，但却不能保证求得最小代价的路径。构造的启发函数应能使问题求解的路径代价与为求此路径所花费的搜索代价的综合指标为最小。

（二）局部择优搜索

局部择优搜索是一种启发式搜索方法，是对深度优先搜索方法的一种改进。其基本思想是：当一个节点被扩展以后，按估价函数 $f(x)$ 对每一个子节点计算估价值，并选择最小者作为下一个要考察的节点，由于它每次都只是在子节点的范围内选择下一个要考察的节点，范围比较狭窄，因此称为局部择优搜索，下面给出它的搜索过程。

（1）把初始节点 S_0 放入 OPEN 表，计算 $f(S_0)$。

（2）如果 OPEN 表为空，则问题无解，退出。否则继续。

（3）把 OPEN 表的第一个节点（记为节点 n）取出，放入 CLOSED 表。

（4）考察节点 n 是否为目标节点。若是，则求得了问题的解，退出。若不能，则继续。

（5）考察节点 n 是否可扩展。若节点 n 不可扩展，则转至第（2）步。若可扩展，则继续。

（6）扩展节点 n。用估价函数 $f(x)$ 计算每个子节点的估价值，并按估价值从小到大的顺序依次放到 OPEN 表的首部，为每个子节点配置指向父节点的指针，然后转至第（2）步。

局部择优搜索与深度优先搜索及代价树的深度优先搜索的区别就在于，在选择下一个节点时所用的标准不一样。局部择优搜索是以估价函数值作为标准；深度优先搜索则是以后继七点的深度作为选择标准，后生成的节点先考察；而代价树的深度优先搜索则是以各后继节点到其父节点之间的代价作为选择标准。如果把层深函数 $d(x)$ 当作估价函数 $f(x)$，或把代价函数 $g(x)$ 当作估价函数 $f(x)$，那么就可以把深度优先搜索和代价树的深度优先搜索看作局部择优搜索的两个特例。

（三）爬山法

爬山法是实现启发式搜索的最简单方法。人们在登山时，只要好爬，总是选取最陡处，以求快速登顶。爬山实际上就是求函数的极大值问题，不过这里不是用数值解法，而是依赖于启发式知识，试探性地逐步向顶峰逼近（广义地，逐步求精），直到登上顶峰。

在爬山法中，限制为只能向"山顶"爬去，即向目标状态逼近，不准后退，从而简化了搜索算法。换句话说，不需设置 OPEN 和 CLOSE 表，因为没有必要保存任何待扩展节点，仅从当前状态节点扩展出子节点（相当于找到上爬的路径），并将 $h(x)$ "最小"的子节点（最末级子节点，对应于到顶峰最近的上爬路径）作为下一次考察和扩展的节点，其余子节点全部丢弃。

爬山法对于单一极值问题（登单一山峰）十分有效而又简便，但对于具有多极值的问题就无能为力了，因为很可能因错登高峰而不能到达最高峰。

第三节 博弈搜索

博弈一向被认为是富有挑战性的智力游戏，有着难以言表的魅力。自古以来，人与人之间的博弈随处可见，但随着计算机技术的不断发展，人们开始有了通过计算机来进行博弈的想法。

一、基础概念

（一）计算机博弈

计算机博弈又称机器博弈，它是指使计算机像人一样可以进行棋类、牌类游戏，像人一样思考。机器博弈的主要思想是建立博弈树，对博弈树上的节点进行展开，并向前搜索。即对于博弈树上的某一个节点，进行下一步所有走法的展开，得到子节点，然后子节点再进行展开得到孙子节点……该过程一直持续，直到构造出以初始节点展开的完整博弈树，最后按评估函数选出得分最高的路线。

机器博弈应具备以下几个部分。

（1）局面表示：使用特定方法对当前状态进行表示，使得现实中的棋牌状态与计算机表示的局面一一对应。在设计局面表示时，需要考虑表示的简单方便，以使消耗的计算机资源最少。

（2）看法产生机制：判断什么是合理的看法，有效快速地产生所有符合游戏规则的看法，即在博弈树中的某一状态的所有子节点。

（3）评估函数：评估当前局面好坏，并返回一个当前局面得分的函数。该函数直接影响博弈算法的效果。评估函数与具体问题密切相关，是决定博弈系统智能水平的关键因素之一。

（二）博弈树

博弈树是具有先后顺序的动态博弈过程的表述，比较形象化，是根据参与博弈的各个博弈方行动的先后次序来展开的一个树状图，在该树状图中，有且仅有一个根节点（初始节点）。博弈树是一种"与或树"，为了方便研究，这里以一种最简单的博弈模型作为研究的对象——双人完备信息博弈，一般我方使用 MAX 表示，敌方使用 MIN 表示，两个节点是逐层交替出现的。这种博弈具有三个特性：二人零和、全信息、非偶然。

在双人全信息博弈过程中，双方都希望自己能够获胜。因此当一方走棋时，都是选择对自己最有利，而对对方最不利的走法。假设博弈双方为 MAX 和 MIN，在博弈的每一步，可供他们选择的方案都有很多种。从 MAX 的观点上看，可供自己选择的方案之间是"或"的关系，原因是主动权在自己手里，选择哪个方案完全由自己决定。而那些可供 MIN 选择的方案之间是"与"的关系，这是因为主动权在 MIN 手中，任何一个方案都可能被 MIN 选中，MAX 必须防止那种对自己最不利的情况出现。

经过分析，博弈树的特点如下。

（1）与节点，或节点逐级交替出现，敌方、我方逐级轮流扩展其所属节点。

（2）从我方观点来看，所有敌方观点都是与节点。因为敌方必须选取最不利于我方的节点扩展其子节点，只要其中有一个选择（棋步）对我方不利，该节点就对我方不利。换言之，只有该节点的所有棋步（所有的子节点）皆对我方有利，该节点才对我方有利，故为与节点。

（3）从我方的观点来看，所有属于我方的观点都是或节点。因为，扩展我方节点的主动权在我方，可以选取最有利于我方的一步，只要可走的棋步中有一步是有利的，该节点对我方就是有利的。子节点中任何一个对我方有利，则该节点对我方有利，故为或节点。

（4）所有能使我方获胜的终局，都是本原问题，相应的节点都是可解节点。所有使敌方获胜的节点，对我方而言，都是不可解节点。

（5）先走步的一方（我方或敌方）的初始状态对应于根节点。

二、基础搜索算法

（一）极大极小值算法

极大极小值搜索策略（也称为 MIN-MAX 算法）是考虑双方对弈若干走步之后，对于我方的每一种策略，敌方总能找到相应的最优策略进行回击。换句话说，该算法主要思想为：在有限的搜索深度范围内进行求解，我方选择的策略就应该是使敌方的最优回应策略造成的结果对我方最有利的一种。当然这个假设不一定完全成立，如果敌方不是总能找到最优策略（对于人类玩家，这是很有可能的），则可以利用敌方的失误取得对我方更为有利的结果。基于这个原因，极大极小值算法又被称为最佳防御策略，它不是一种"聪明的"冒险的策略。

为此要定义一个静态估计函数 f，以便对对弈的势态做出优劣估计。这个函数可根据对弈优劣势态的特征来定义。

这里规定：MAX 代表我方，MIN 代表敌方，P 代表一个势态（一个状态）。有利于 MAX 的势态 $f(P)$ 取正值；有利于 MIN 的势态，$f(P)$ 取负值；势态均衡，$f(P)$ 取零。

$f(P)$ 的大小由对弈势态的优劣来决定。使用静态函数进行估计必须以下述两个条件为前提：双方都知道各自走到什么程度、下一步可能做什么，不考虑偶然因素的影响。

在这个前提下，设计最优的博弈策略必须考虑：如何产生一个最好的走步；如何改进测试方法，以尽快搜索到最好的走步。

极大极小搜索的基本思想是：

（1）当轮到 MIN 走步的节点时，MAX 应考虑最坏的情况［因此，$f(P)$ 取极小值］；

（2）当轮到 MAX 走步的节点时，MAX 应考虑最好的情况［因此，$f(P)$ 取极大值］；

（3）当评价往回倒推时，相应于两位棋手的对抗策略，不同层上交替地使用（1）、（2）两种方法向上传递倒推值。

因此将这种搜索方法称为极大极小值算法。

极大极小值算法是一种由下而上的深度式遍历算法，只要能遍历博弈树就一定可以通过上述方法返回一个准确的收益值，这个值代表着两个同样高水平玩家的最低期望收益。在实际运用中，面对一个状态数庞大的博弈树，往往无法遍历整个博弈树，则这个返回值可以不是最终的结果，而是一个中间过程的评估值。因此，建立一个对于当前盘面而言准确的评估函数，就可以不用遍历整个博弈树，这样算法会非常依赖于评估函数的准确度。对于一个博弈游戏，评估函数一般是一个经验公式，如围棋这样非常复杂的博弈问题，评估函数的差异是非常大的。以往的围棋程序大多是以这样的搜索方式为设计蓝本，这些程序的主要设计难点在于评估函数的建立。评估函数不仅仅和撰写者对于围棋的理解深度有关，还和不同阶段的盘面有关，很可能开局、中期、后期所用的评估函数是完全不一样的，这样就会大大降低围棋程序的准确度。因此在很长一段时间内，围棋 AI 只能达到业余段位水平。

（二）负极大值搜索

负极大值方法避免了每次进行极大或者极小的比较之前，都要检查是取极大值还是极小值，实现对极大、极小值算法的改进。负极大值算法的核心是父节点的值是各子节点值负数的极大值。假设甲、乙两个玩家对弈，甲先走，乙后走，之后两人交替走步直到游戏结束。该对弈的负极大值搜索过程的步骤如下。

（1）由于不可能对整棵博弈树进行搜索，所以建立一棵固定深度的搜索树，其叶子节点不必是最终状态，而只是固定深度的最深一层的节点。

（2）在一棵博弈树中，假定令甲获胜的局面值为 10000，乙获胜的局面值为 −10000，和局的值为 0，其他情形下，依据双方棋子的棋形评定为 −10000 ~ 10000 的具体分数。用静态估值函数 f 对每个叶子节点进行估值，对于一个应甲方走棋的局面返回正的估值，对于一个应乙方走棋的局面返回负的估值。

（3）计算上层节点的倒推值，取其子节点负数的最大值。

（4）对弈双方，都选择子节点值最大的走法。

负极大值搜索算法的时间复杂度是 $O(b^n)$，这里 b 是分枝因子，n 是搜索的最大深度。对于分枝因子在 40 左右的棋类游戏，时间开销随着 n 的增大会急剧地增长，不出几层就会超出计算机的处理能力。

人们在开发高效的搜索算法上进行了大量的研究，改进搜索算法的目标在于将不必搜索的（冗余）分枝从搜索的过程中尽量剔除，以达到搜索尽量少的分枝来降低运算量的目的。在过去的几十年中，一些相当成功的改进大大提高了极大极小值算法搜索的效率。例如，α−β 剪枝技术，极小窗口搜索方法、置换表、历史启发方法等手段的综合应用将搜索效率提高了几个

三、深度优先的 α-β 搜索及其增强算法

（一）极小窗口搜索

1. 算法思路

类似于渴望搜索，极小窗口搜索也是一种缩小窗口范围的搜索方式。从前面的算法我们可以看到，窗口越小那么可能删去的分枝会越多，那么在窗口是 0 的情况下，会发生什么样的变化呢？

极小窗口搜索与渴望搜索不同的地方在于，它是根据完全搜索以第一个节点作为估计值的。它的优点就在于，它有一个保留的最小值，也就是说在最好的情况下第一个节点就是最优解策略带来的，该节点也就是树的最优值。极小窗口搜索会带来效率的一定增加，而且可以避免渴望搜索的一些问题，但同渴望搜索一样，我们也要解决如何判断估值的问题。

2. 算法流程

极小窗口搜索的流程可以分为五步：

（1）对于第一个节点，按照原来的范围（$-\infty$，$+\infty$）进行搜索，会得到一个最优解 best value；

（2）用（best value.best value+1）作为窗口进行测试；

（3）如果得到的值 value 大于 best value 并且小于 0 时，说明有更好的方法，需要对（best value，β）进行测试；

（4）如果不是，则得到的值 value 大于 best value+1，这就说明 value 是一个更好的策略，应该用它来代替原来的 best value；

（5）如果得到的值 value 小于 best value，说明这种策略不如以前的策略，不用再分析。

在这个算法中，比较难以理解的是第三步，因为按照最初的思想，第三步和第四步应该是可以统一的，即在新分析的 value 大于 best value 时就表示有更好的值，只要替换原来的最优值就可以了，为什么还需要分为两种情况考虑呢？原因就在于极小窗口。其实第三步和第四步是在两种情况下采取的策略：第四步对应于极小窗口搜索，当 value 大于 best value 时，value 同

时也大于 best value+1，这是因为估值函数中不存在最小估计为范围在 1 之内的差别。第三步则是对应于一般的窗口搜索，说明另一棵子树中有更好的策略，但是我们并不清楚这个策略的具体值是多少，所以我们需要在（value，β）中继续找寻更好的策略。这也是这个算法难以理解的地方。

（二）置换表

在博弈树中，不少节点之间虽然经过不同的路径到达最优解，但其中有许多状态是完全一致的。建立置换表（transposition table，TT），保存已搜索节点的信息，那么再次遇到相同状态的节点时便可套用之前的搜索结果，避免重复搜索。

1. 基本原理

置换表的原理是采用哈希表技术将已搜索的节点的局面特征、估值和其他相关信息记录下来，如果待搜索的节点的局面特征在哈希表中已经有记录，在满足相关条件时，就可以直接利用置换表中的结果。

对一个节点进行估值时，应先查找置换表，若置换表中没有记录，再对该节点进行搜索。

置换表在使用时要及时更新，当计算出一个节点的估值时，应立即将这个行点的相关信息保存到置换表中。

置换表一般容量很大，以尽量保存庞大的博弈树各节点信息，并且应实现快速访问，因此多用哈希表技术来具体实现。与一般哈希表不同的是，这里的哈希表一般不使用再散列技术，在哈希冲突很少时，不再进行散列，这样能有效加快处理速度，如果出现些冲突，则直接覆盖，在读取访问数据时不使用错误数据即可。

置换表中的一个数据项应包含详细信息，并说明对应博弈树的何种节点、该节点的搜索评估值，以及评估值对应的搜索深度等。其中评估值一般还可以分成两部分，分别保存该节点的上限值和下限值，如渴望搜索等，多数情况下是得到一个节点的上限值或下限值就剪枝返回，这样的数值同样有利用价值。如果得到了某节点的准确评估值，可以将上限值和下限值保存成一样的来表示。

置换表技术在当今机器博弈领域已经是广为使用的技术，它对搜索速度有明显的提高作用。机器博弈中的博弈树往往是非常庞大的，α-β 搜索由于一般情况下是边生成节点边搜索，并不需要保存整个博弈树，因此其内存开销并不大。如果置换表用来保存博弈树已经搜索过的全部节点信息，则其内存开销将是巨大的。从剪枝效率的角度考虑，由于博弈树顶层的剪枝对剪枝效率具有决定性的影响，因此，即使置换表只保存较顶层的博弈树节点的信息，这样能够明显地提高剪枝效率。

对于置换表的使用，还有一种情况需要特别指出，博弈树最末层节点在很多情况下也保存到置换表中，但它并没有作用。这一点容易被忽视，导致置换表使用上的浪费，也降低了搜索速度。置换表不仅仅能提高重复搜索的效率，还能有效地对博弈状态进行搜索。

2. 算法流程

首先，确定哈希函数，将节点对应局面映射为一个哈希值，这个哈希值通常是 32 位的整数，根据这个值计算出哈希地址。一种快速而简单的方法就是将哈希值对置换表的长度取余数，作为待访问的哈希表元素的地址。

其次，哈希函数可能产生地址冲突，即不同的哈希值映射到了同一地址，上述 32 位的哈希值是不安全的。置换表中的数据项，还应包含一个唯一标识局面特征的校验值，这个校验值通常是一个 64 位的整数，从理论上来说，64 位整数也有可能发生冲突，但这个概率极小，在实际使用中可以忽略不计。使用哈希函数通过哈希值找到置换表数据项的地址之后，再验证该数据项的校验值与待搜索节点对应的局面的特征值是否一致，只有二者一致，才认为搜索命中。

再次，置换表中的数据项，不仅要记录对应节点的估值结果，还应同时记录这个估值的类型，即究竟是一个精确值，还是一个上界值或下界值。

最后，节点的估值结果与搜索深度有关，搜索深度越深，估值越准确。故置换表中的数据项，还应记录节点对应的搜索深度。如果下次搜索到的局面 A，在置换表中找到了同样的局面 A′，并且，如果 A 对应的搜索深度为 Depth，置换表中 A′ 对应的搜索深度为 Depth′；显然只有当 Depth′ ≥ Depth

时，才能直接使用置换表中 A′ 的估值信息；但如果 Depth > Depth′，则置换表中对应节点的估值信息就没有意义了，因为需要再向前搜索几步才能得到一个更准确的值。

因此，置换表中的一个数据项至少应包含如下数据：节点局面的 64 位校验值、搜索深度、估值，以及估值的类型。

置换表的使用基于一种以空间换取时间的思想，如果在置换表中能直接得到结果，则可以避免对该节点及以该节点为根的子树的搜索，从而减少搜索时间。同时，如果在置换表中能查找到当前节点的信息，并且存储深度比当前节点将要搜索的深度大（实际上是增加了当前子树的搜索深度），那么搜索结果的准确性将会提高。正是因为置换表具有上述诸多优点，所以置换表已成为博弈树搜索中广泛采用的技术。

（三）遍历深化

遍历深化是因对博弈树进行多次遍历，又不断加深其深度而得名。

1. 算法原理

遍历深化算法利用了 α-β 剪枝算法对子节点排序敏感的特点。它希望通过浅层的遍历给出节点的大致排序，把这个排序作为深层遍历的启发式信息。另外，该算法用时间控制遍历次数，时间一到，搜索立即停止，这也符合人类棋手的下棋特点。在关键的开局和残局时，由于分支较少，也可以进行较深层次的搜索。

2. 算法的过程

对以当前棋局为根节点的博弈树进行深度为 2 的遍历，得出其子节点的优劣排序。接着再从根节点进行深度为 3 的遍历，这一次优先搜索上次遍历中得出的最优者，从而加大剪枝效果。以此类推，再进行第三次、第四次的遍历，达到限定时间为止。

由于这个算法的每次遍历都从根节点开始，因此有人称其为蛮力搜索，但实际上每次都可以优先搜索策略相对较好的节点，故剪枝效率增大，其实算法效率是很高的。目前这一算法也得到了广泛的认可。

第四节 其他搜索算法

一、蒙特卡洛树搜索

（一）算法思想

蒙特卡洛树搜索是将博弈树搜索与蒙特卡洛算法相结合的一种搜索方式。该方法可以选择最有希望赢的节点向下展开搜索，其在围棋领域的应用最为成功，使得围棋的博弈水平在很大程度上得到了提高。蒙特卡洛树搜索方法与极大极小值搜索方法十分相似，但是不同的是，其对于节点的评估是通过向下模拟进行的，而不是通过制定评估函数。蒙特卡洛树搜索是通过选择性地扩展节点来进行的，并逐渐改善模拟的策略。扩展节点次数，即模拟次数的增加，使估值变得更准确，这也提供了大量的信息，并通过该信息来调整搜索策略。该方法使得模拟结果更接近最优值，使得选择动作具有偏好性，从而形成一个不平衡的博弈树，其在估值最高的节点上将进行更深的扩展。

（二）蒙特卡洛盘面评估

蒙特卡洛盘面评估是一种动态评估方法。说它是动态的，主要是相对于专家系统的盘面评估而言的。在专家系统中，知识和逻辑都是固定的，同样的盘面每次评估出来的结果必定相同，蒙特卡洛盘面评估则不尽然，它每次的评估都具有很强的随机性。但是，当蒙特卡洛评估次数达到一定值时，就会在统计意义上得到一致的结果，这在一定程度上避免了预定义知识的不准确而造成的评估结果的不准确。当然，蒙特卡洛盘面评估对计算机性能是有一定要求的，这也是近年来该评估算法才逐渐得到研究人员重视的原因。

对问题领域内的所有可能按照一定分布随机抽样，根据不断反复进行的大量抽样所得的结果会在解空间上形成一个分布，而这个分布是接近真实的，进而能够得到所需的最优解或近似的最优解，这就是蒙特卡洛方法的基本思想。蒙特卡洛方法的适用范围并不仅仅局限于某一个领域，它颇具实用价值和普遍通用性。当解决涉及某随机变量的数字特征或者某随机事件的出现概率方面的问题时，可以反复进行大量实验，通过所得的结果来估计该随机变量的数字特征或者该随机事件的出现概率，将本身很复杂的问题或者目前没有可行解的问题转化成一个相对简单的模型，这样就可以进行较为容易的表示和处理，进而得到一个可接受的近似解。当然，由于在解空间内产生一个随机解是蒙特卡洛方法的核心，为了能让蒙特卡洛方法具备很好的性能，对随机解的随机性有着一定的要求。如果随机性不够好，那恐怕很难得到好的结果。不过，具体产生何种随机数要看相应的应用场合。除了某些特殊情况，在很多场合下应用蒙特卡洛方法时并不总是要求必须产生真正的随机数。对很多场景来说，只需要产生看起来在一定程度上足够随机的随机数，就能够得到好的模拟结果。当然，在蒙特卡洛模拟过程中所涉及的大量随机抽样不可能通过手工来顺利完成，而计算机强大的计算性能使蒙特卡洛模拟成功实现。蒙特卡洛方法的一大劣势，是其准确性随着随机模拟次数的增加而逐渐提升的同时也会导致收敛速度过慢，这也是该方法在很多领域的应用受到制约的原因之一。

二、在线机器学习

在线机器学习是一种动态的学习过程，它采用机器学习算法对动态获得的信息进行分析和处理，通过动态学习的结果来对算法中的预测假设，并立即进行调整以指导接下来的学习过程。在机器学习中，在线学习通过每次学习得到一个事件的归纳模型，它的目标是对事件的反馈进行预测。例如，在对股市进行评估的实例中，通过在线机器学习算法可以预测某只股票第二天的走势。在线机器学习的一个显著特点是：进行预测后很快就可以得到事件的真实反馈，得到的真实反馈可以被算法用来对假设预测进行调整，而之后不断地重复进行这种预测和调整的过程，使得算法的预测越来越接近真实情况。从另一个角度来讲，在线机器学习算法可以说是通过一系列的试探来实现的，每一次的试探可以分为三步：首先，算法接收到一个事件；其次，算法对该事件的反馈进行预测；最后，在真实事件结束后，算法得到事件的真实反馈。在这个过程中，第三步是最重要的，因为在线机器学习算法的一个核心就是通过真实的反馈和预测的结果之间的差异来对开始的尝试进行调整，以此来指导新的尝试。该算法就是要在预测值和实际值之间建立一个性能评价函数，通过这个函数得到的评价值来最小化两者间的差距。例如，在对股市评估的算法中，通过最小化预测值和实际值之间的方差，算法准确性不断提高。在分类问题中，通过对分类样本中错误分类的样本点的数目最小化来实现改进。

  由于在线机器学习算法可以不断地从实际情况中得到反馈，并根据实际情况和预测情况的差异对预测进行改善，因此即使是在比较苛刻的条件下，在线机器学习算法也能通过适应和学习来提高自身性能。即便是对于一些并非服从某一固定分布得到的事件，在线机器学习算法也能在较大程度上保证其性能。当然，在线机器学习算法的优势也是它的劣势，因为其准确性依赖于不断地从实际得到的反馈对算法进行的调整，而在一些问题中，很难保证快速而准确地得到问题的反馈。另外，作为一个实时的动态学习过程，在线机器学习算法对时间效率的要求非常高，要求算法在短时间内就做出尽可能接近真实结果的预测。如果算法消耗的时间过长，如将要预测的时间点已经到来可是算法还没有得出结果，那就失去了在线学习的意义。

第四章 机器学习基础

第一节 机器学习理论基础

一、机器学习的定义和研究意义

从人工智能的角度来看，机器学习是一门研究使用计算机获取新的知识和技能，利用经验来改善系统自身的性能、提高现有计算机求解问题能力的科学。按照人工智能大师西蒙（Simon）《人工智能科学》中的观点，学习就是系统在不断重复的工作中对本身能力的增强或者改进，使得系统在下一次执行同样任务或类似任务时，会比现在做得更好或效率更高。

西蒙对学习给出了比较准确的定义：

学习表示系统中的自适应变化，该变化能使系统比上一次更有效地完成同一群体所执行的同样任务。

学习与经验有关，它是一个经验积累的过程，这个过程可能很快，也可能很漫长。学习是对一个系统而言的，这个系统可能是一个计算机系统或一个人机系统，学习可以改善系统性能，是一个有反馈的信息处理与控制过程。因此经验的积累、性能的完善正是通过重复这一过程而实现的。由此可见，学习是系统积累经验以改善其自身性能的过程。

机器学习与人类思考的经验过程是类似的，不过它能考虑更多的情况，执行更加复杂的计算。事实上，机器学习的一个主要目的就是把人类思考归纳经验的过程转化为计算机通过对数据的处理计算得出模型的过程。经过计算机得出的模型能够以近似于人的方式解决很多灵活复杂的问题。

机器学习与模式识别、统计学习、数据挖掘、计算机视觉、语音识别、自然语言处理等领域有着很深的联系。从范围上来说，机器学习与模式识别、统计学习、数据挖掘是类似的，同时，机器学习与其他领域的处理技术的结合，形成了计算机视觉、语音识别、自然语言处理等交叉学科。同时，我们平常所说的机器学习应用，应该是通用的，不仅仅局限在结构化数据，还有图像、音频等应用。

二、机器学习的发展史

机器学习是人工智能的一个重要分支，其主要发展有以下几个阶段：

（一）20世纪五六十年代的探索阶段

该阶段主要受神经生理学、生理学和生物学的影响，研究主要侧重于非符号的神经元模型的研究，主要研制通用学习系统，即神经网络或自组织系统。此阶段的主要成果有感知机（Perceptron）、Friedberg等模拟随机突变和自然选择过程的程序、Hunt等的决策树归纳程序。

（二）20世纪70年代的发展阶段

由于当时专家系统的蓬勃发展，知识获取成为当务之急，这给机器学习带来了契机。该阶段主要侧重于符号学习的研究。机器学习的研究脱离了基于统计的以优化理论为基础的研究方法，提出了基于符号运算为基础的机器学习方法，并产生了许多相关的学习系统，主要系统和算法包括：Michalski基于逻辑的归纳学习系统；Michalski和Chilausky的AQ11；Quinlan的ID3程序；Mitchell的版本空间。

（三）20世纪八九十年代

机器学习基础理论的研究越来越引起人们的重视。美国学者瓦力安特（Valiant）提出了基于概率近似正确性的学习理论（Probably Approximately Correct，PAC），对布尔函数的一些特殊子类的可学习性进行了探讨，将可学习性与计算复杂性联系在一起，并由此派生出了"计算学理论"（COLT）。我国学者洪家荣教授证明了两类布尔表达式，即析取范式和合取范式都是PAC不可学习的，揭示了PAC方法的局限性。20世纪90年代，万普尼克（Vladimir Naumovich Vapnik）出版了《统计学理论》一书。对PAC的研究是一种理论性、存在性的；万普尼克的研究却是构造性的，他将这类研究模型称为支持向量机（Support Vector Machine，SVM）。

（四）21世纪初

机器学习发展分为两个部分，即浅层学习（Shallow Learning）和深度学习（Deep Learning）。浅层学习起源于20世纪20年代人工神经网络的反向传播算法的发明，使得基于统计的机器学习算法大行其道，虽然这时候的人工神经网络算法也被称为多层感知机，但由于多层网络训练困难，通常都是只有一层隐含层的浅层模型。神经网络研究领域领军者欣顿（Hinton）在21世纪初提出了神经网络Deep Learning算法，使神经网络能力大大提高，向支持向量机发出挑战。欣顿和他的学生在《科学》期刊上发表了论文"利用神经网络进行数据降维"，把神经网络又带回到大家的视线中，利用单层的受限玻尔兹曼机自编码预训练使得深层的神经网络训练变得可能，开启了深度学习在学术界和工业界的浪潮。"深度学习"简单地理解起来就是"很多层"的神经网络。在涉及语音、图像等复杂对象的应用中，深度学习取得了非常优越的性能。以往的机器学习对使用者的要求比较高，深度学习涉及的模型复杂度高，只要下功夫"调参"（修改网络中的参数），性能往往就很好。深度学习缺乏严格的理论基础，但显著降低了机器学习使用者的门槛，其实从另一个角度来看是机器处理速度的大幅提升。

机器学习是人工智能的核心，它对人类的生产、生活方式产生了重大影响，也引发了激烈的哲学争论。但总的来说，机器学习的发展与其他一般事物的发展并无太大区别，同样可以用哲学的、发展的眼光来看待。机器学习的发展并不是一帆风顺的，也经历了螺旋式上升的过程，成就与坎坷并存。大量研究学者的成果促进了今天人工智能的空前繁荣，这是一个从量变到质变的过程，也是内因和外因的共同结果。

第二节 机器学习的方法

一、机器学习系统的基本结构

学习的过程是建立理论、形成假设和进行归纳推理。下面以西蒙关于学习的定义为出发点，建立如图 4-1 所示的机器学习系统的基本模型。

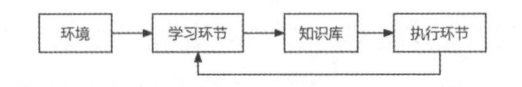

环境 → 学习环节 → 知识库 → 执行环节

图 4-1 学习系统的基本结构

图 4-1 表示学习系统的基本结构，其相关元素含义如下：

（1）环境：外部信息的来源，它将为系统地学习提供有关信息。

（2）知识库：代表系统已经具有的知识。

（3）学习环节：系统的学习机构，它通过对环境的感知取得外部信息，经过分析、综合、类比、归纳等思维过程获得知识，生成新的知识或改进知识库的组织结构。

（4）执行环节：基于学习后得到的新的知识库，执行一系列任务，并将运行结果进行报告。

环境和知识库是以某种知识表示形式表达的信息集合，分别代表外界信息来源和系统具有的知识。学习环节和执行环节代表两个过程。环境向系统的学习环节提供某些信息，而学习环节则利用信息对系统的知识库进行改进，以增进系统执行环节完成任务的效能。执行环节根据知识库中的知识来完成某种任务，同时把获得的信息反馈给学习环节。在具体的应用中，环境、知识库和执行环节决定了具体的工作内容，学习环节所需要解决的问题完全由上述三个部分决定。下面分别叙述这三个部分对设计学习系统的影响。

影响学习系统设计的最重要的因素是环境向系统提供的信息。更具体地说是信息的质量。整个过程要遵循"取之精华，弃之糟粕"的原则，同时谨记"实践是检验真理的唯一标准"。

知识库是影响学习系统设计的第二个因素。知识的表示有多种形式，在选择表示方式时需要兼顾以下四个方面：

（1）表达能力强。所选择的表示方式能很容易地表达有关的知识。

（2）易于推理。为了使学习系统的计算代价比较低，希望知识表示方式能使推理较为容易。

（3）知识库容易修改。学习系统的本质要求它不断地修改自己的知识库，当推广得出一般执行规定后，需要加到知识库中。

（4）知识表示易于扩展。随着系统学习能力的提高，单一的知识表示已经不能满足需要，一个学习系统有时可以同时使用几种知识表示方式。

学习系统不能在全然没有任何知识的情况下凭空获取知识，每一个学习系统都要求具有某些知识理解环境提供的信息，分析比较，做出假设，检验并修改这些假设。因此，更确切地说，学习系统是对现有知识的扩展和改进。

二、机器学习方法的分类

机器学习的方法按照不同的分类标准有多种分类方式，其中常用的有基于学习方法的分类、基于学习方式的分类、基于数据形式的分类、基于学习目标的分类和基于学习策略的分类。下面对这几种分类方式进行简单的介绍。

（一）基于学习方法的分类

（1）归纳学习：旨在从大量的经验数据中归纳抽取出一般的判定规则和模式，是从特殊情况推导出一般规则的学习方法。归纳学习可进一步细分为符号归纳学习和函数归纳学习。

①符号归纳学习：典型的符号归纳学习有示例学习和决策树学习。

②函数归纳学习（发现学习）：典型的函数归纳学习有神经网络学习、示例学习、发现学习和统计学习。

（2）演绎学习：从"一般到特殊"的过程，也就是说从基础原理推演出具体情况。

（3）类比学习：通过类比，即通过对相似事物进行比较所进行的一种学习。典型的类比学习有案例（范例）学习。

（4）分析学习：使用先验知识来演绎推导一般假设。典型的分析学习有案例（范例）学习和解释学习。

（二）基于学习方式的分类

（1）监督学习（有导师学习）：输入有标签的样本，以概率函数、代数函数或人工神经网络为基函数模型，采用迭代计算方法，学习结果为函数。

（2）无监督学习（无导师学习）：输入没有标签的样本，采用聚类方法，学习结果为类别。典型的无监督学习（无导师学习）有发现学习、聚类、竞争学习等。

（3）强化学习（增强学习）：以环境反馈（奖/惩信号）作为输入，以统计和动态规划技术为指导的一种学习方法。

（三）基于数据形式的分类

（1）结构化学习：以结构化数据为输入，以数值计算或符号推演为方法。典型的结构化学习有神经网络学习、统计学习、决策树学习和规则学习。

（2）非结构化学习：以非结构化数据为输入。典型的非结构化学习有类比学习和案例学习。

（四）基于学习目标的分类

（1）概念学习：学习的目标和结果为概念，或者说是为了获得概念的一种学习。典型的概念学习有示例学习。

（2）规则学习：学习的目标和结果为规则，或者说是为了获得规则的一种学习。典型的规则学习有决策树学习。

（3）函数学习：学习的目标和结果为函数，或者说是为了获得函数的一种学习。典型的函数学习有神经网络学习。

（4）类别学习：学习的目标和结果为对象类，或者说是为了获得类别的一种学习。典型的类别学习有聚类分析。

（5）贝叶斯网络学习：学习的目标和结果是贝叶斯网络，或者说是为了获得贝叶斯网络的一种学习。其又可分为结构学习和参数学习。

(五)基于学习策略的分类

1. 模拟人脑的机器学习

(1)符号学习。

模拟人脑的宏观心理级学习过程,以认知心理学原理为基础,以符号数据为输入,以符号运算为方法,用推理过程在图或状态空间中搜索,学习的目标为概念或规则等。符号学习的典型方法有记忆学习、示例学习、演绎学习、类比学习、解释学习等。

(2)神经网络学习(或连接学习)。

模拟人脑的微观生理级学习过程,以脑和神经科学原理为基础,以人工神经网络为函数结构模型,以数值数据为输入,以数值运算为方法,用迭代过程在系数向量空间中搜索,学习的目标为函数。典型的连接学习有权值修正学习和拓扑结构学习。

(3)深度学习。

深度学习是机器学习的一个分支,可以简单理解为神经网络的发展。大约二三十年前,神经网络曾经是机器学习领域特别火热的一个方向,但是后来却慢慢淡出了大众的视野,原因大概有两个方面:①比较容易过拟合,参数比较难确定;②训练速度比较慢,在层次比较少(小于等于3)的情况下效果并不比其他方法更优。因此,有20多年的时间,神经网络很少被关注,这段时间基本上由SVM和Boosting算法主导。但是,欣顿坚持下来并最终和本吉奥(Bengio)、雅恩(Yann)、杨立昆(Yann LeCun)等提出了一个实际可行的深度学习框架。

2. 直接采用数学方法的机器学习

直接采用数学方法的机器学习主要有统计机器学习。统计机器学习是近几年被广泛应用的机器学习方法,事实上,这是一类相当广泛的方法。更为广义地说,这是一类方法学。当我们获得一组对问题世界的观测数据时,如果不能或者没有必要对其建立严格的物理模型,则可以使用数学的方法,从这组数据推算问题世界的数学模型,这类模型一般没有对问题世界的物理解释,但是,在输入输出之间的关系上反映了问题世界的实际,这就是"黑箱"

原理。一般来说"黑箱"原理是基于统计方法的（假设问题世界满足一种统计分布），统计机器学习本质上就是"黑箱"原理的延续。与感知机时代不同，由于这类机器学习的科学基础是感知机的延续，因此，神经科学基础不是近代统计机器学习关注的主要问题，数学方法才是研究的焦点。

三、几种机器学习算法介绍

通过上节的介绍我们知晓了机器学习的分类，那么机器学习里面究竟有多少经典的算法呢？本节简要介绍机器学习中的经典算法。

（一）经典的监督学习算法——支持向量机

作为一种新的非常有潜力的分类识别方法，支持向量机（SVM）不同于常规统计和神经网络方法，它不是通过特征个数变少来控制模型的复杂性，而是提供了一个与问题维数无关的函数复杂性的有意义刻画。使用高维特征空间，使得在高维特征空间中构造的线性决策边界可对应于输入空间的非线性决策边界。概念上，通过使用具有很多个基函数的线性估计量，使得在高维空间控制逼近函数的复杂性方面提供了很好的推广能力；计算上，高维空间上利用线性函数的对偶和，解决了数值优化的二次规划求解问题。

支持向量机的主要优点如下：

（1）它是专门针对有限样本情况的，其目标是得到现有信息下的最优解而不仅仅是样本数趋于无穷大时的最优值。

（2）算法最终将转化为一个二次型寻优问题，从理论上说，得到的将是全局最优解，解决了在神经网络方法中无法避免的局部极值问题。

（3）算法将实际问题通过非线性变换转换到高维的特征空间，在高维空间中构造线性判别函数来实现原空间中的非线性判别函数，特殊性质能保证机器有较好的推广能力，同时它巧妙地解决了维数问题，其算法的复杂度与样本维数无关。目前，SVM算法在模式识别、回归估计、概率密度函数估计等方面都有应用。

1. 线性模式识别SVM

我们首先从线性可分的情况出发来分析模式识别支持矢量机。图4-2给出了一个线性可分的例子，黑点和圆圈分别代表两类样本。可以看出，能够把这组样本分开（使得经验风险为 0）的线性超平面很多，但是具有间隔（margin）最大的超平面只有一个。

定义：分类间隔。设线性超平面 $f(x)=w\cdot x+b=0$ 能将正负样本分开，其中 $\|w\|=1$，使得对正样本有 $f(x)=w\cdot x+b\geqslant 1$；对负样本有 $f(x)=w\cdot x+b\leqslant -1$。令超平面 $f(x)=1$ 和 $f(x)=-1$ 之间距离为 2Δ，则称距离 2Δ 为分类间隔。

经过简单的推导，可以知道分类间隔 $2\Delta=2\|w\|$。图 4-2 中较粗的那条线段就是具有最大分类间隔的超平面。根据前面的分析，可知该超平面最小化了结构风险，因此其推广能力优于其他超平面。这个超平面被称为最优分类超平面（optimal separating hyper plane），支持矢量机的目的就是寻找最优分类超平面。

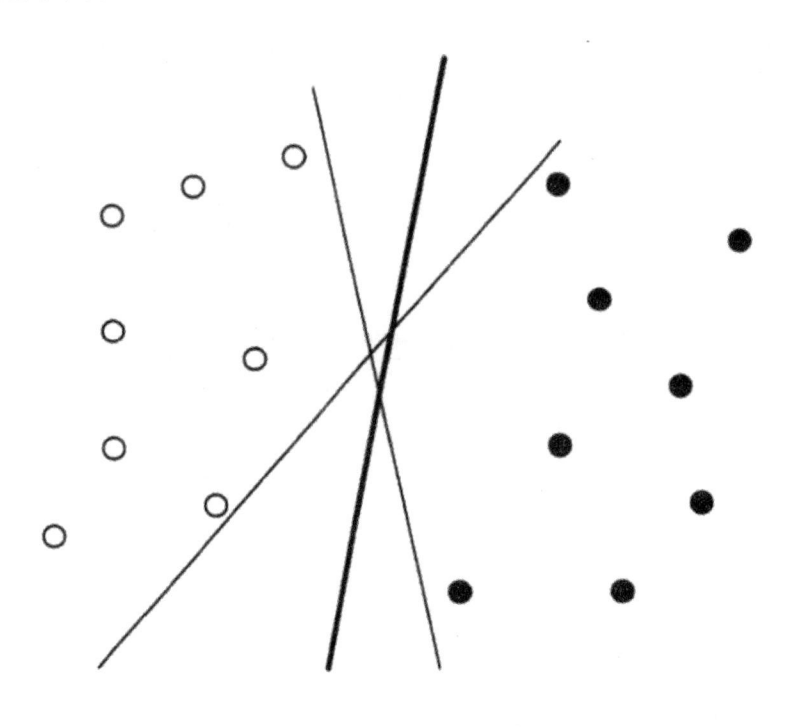

图 4-2 线性可分的分离超平面

支持矢量机是由两类线性可分问题的求解发展起来的，其基本思想描述如下：

设两类线性可分的模式类别 1 和类别 2，存在 (w, b)，使

$w \cdot x_i + b > 0 \quad \forall x_i \in class1$

$w \cdot x_i + b \leqslant 0 \quad \forall x_i \in class2$

分类的目的是寻求 (w, b)，最佳分离类别 1 和类别 2，此时假设空间由函数 $f_{w,b} = \text{sign}(w \cdot x_i + b)$ 的值构成。为减少分类平面的重复，对 (w, b) 进行如下约束：

$$\min_{i=1,2,\cdots,t} |w \cdot x_i + b| = 1$$

点 x 到 (w, b) 确定的超平面的距离为

$$d(x, w, b) = \frac{|w \cdot x_i + b|}{\|w\|}$$

根据约束条件 $\min_{i=1,2,\cdots,t} |w \cdot x_i + b| = 1$，典型超平面到最近点的距离为 $1/\|w\|$，分类间隔就等于 $2/\|w\|$，因而使分类间隔最大等价于使 $\|w\|$（或 $\|w\|^2$）最小。

此外，还考虑在约束条件不成立时，即线性不可分的情况，万普尼克和科特斯（Cortes）引入了松弛变量 $\xi_i \geqslant 0 (i=1,2,\cdots,l)$，在这里其物理含义为分类误差，于是求解最佳 (w, b) 的问题便可归结为二次凸规划问题：

$$\begin{cases} \min_{w,b} \frac{1}{2} \|w\|^2 + C \cdot \sum_{i=1}^{l} \xi_i \\ \text{s. t.} : y_i(w \cdot x_i + b) \geqslant 1 - \xi_i \\ \xi_i \geqslant 0, \quad i=1,2,\cdots,l \end{cases}$$

其中，目标函数第一项最小保证分类边界最大，第二项最小是指样本错分的总误差最小。

为了求解线性支持向量机的最优化问题，将其作为原始最优化问题，应用拉格朗日对偶法，通过求解对偶问题的导数是问题的最优解，这就是线

性支持向量机的对偶算法。这样做的优点，一是对偶问题往往更容易求解，二是自然引入核函数，进而推广到非线性分类问题。

利用 Lagrange 乘子法，可以把上式变成拉格朗日方程：

$$\min L(\mathbf{w},\xi,b,\alpha,\gamma) = \frac{1}{2}\|\mathbf{w}\|^2 + C\sum_{i=1}^{l}\xi_i - \sum_{i=1}^{l}\left(\alpha_i\left(y_i\left((w\cdot\mathbf{x}_i)+b\right)-1+\xi_i\right)+\gamma_i\xi_i\right)$$

式中，α_i、γ_i 为正的 Lagrange 乘子。为了求上式的极值，分别对 ω 和 ξ、b 求偏导，并使之等于 0：

$$\begin{cases}\dfrac{\partial L}{\partial w} = w - \sum_{i=1}^{l}\alpha_i y_i x_i = 0 \Rightarrow w = \sum_{i=1}^{l}\alpha_i y_i \mathbf{x}_i \\ \dfrac{\partial L}{\partial \xi_i} = C - (\alpha_i + \gamma_i) = 0 \Rightarrow C = \alpha_i + \gamma_i \\ \dfrac{\partial L}{\partial b} = \sum_{i=1}^{l}\alpha_i = 0 \Rightarrow \sum_{i=1}^{l}\alpha_i = 0\end{cases}$$

把上式代入拉格朗日方程中，得到原规划的对偶规划：

$$\begin{cases}\max Q(\alpha) = \sum_{i=1}^{l}\alpha_i - \dfrac{1}{2}\sum_{i,j=1}^{l}\alpha_i\alpha_j y_i y_j (x_i \cdot x_j) \\ s.t. : \sum_{i=1}^{l}\alpha_i y_i = 0 \\ 0 \leqslant \alpha_i \leqslant C, \quad i = 1, 2, \cdots, l\end{cases}$$

式中，$C > 0$ 为惩罚因子，α_i 为每个样本对应的 Lagrange 乘子。求解上述二次规划问题，得到最优的 Lagrange 乘子 α_i，非零的 α_i 对应的样本就是支持矢量。那么有

$$w^* = \sum_{i=1}^{l}\alpha_i^* y_i x_i$$

$$b^* = y_i - w^* \cdot x_i$$

分类阈值 b 并不是在优化过程中求得的，而是根据 Karush-Kuhn-

Tucker（KKL）条件，由任意支撑矢量（x_i，y_i）求得，理论上由任意一个支撑矢量所求得的分类阈值是相等的。

此时最优分类的决策函数为

$$f(x) = sign(w \cdot x + b) = sign\left(\sum_{i=1}^{l} y_i \alpha_i^* (x_i \cdot x) + b^*\right)$$

上式中采用的是输入样本的线性函数，可以利用非线性问题的核心（kernel）方法将其推广为非线性函数。

2. 非线性可分模式识别 SVM

对于非线性分类，其基本思想是使用非线性映射 Φ 把数据从原空间 R^n 映射到一个高维特征空间 Ω，再在高维特征空间中建立优化超平面。直接求解需要已知非线性映射的形式，这是较难的，且计算量随着特征空间维数的增加呈指数增加，使求解难度加大，甚至不能求解。但若能在优化问题和判别函数中只涉及特征空间的点积运算，由输入数据直接计算特征空间中的点积，则不必知道其中的形式，也不用真正实施非线性映射，且计算量和特征空间维数无关。支持矢量机巧妙地解决了这一问题，引入高维空间中样本的点积运算：

$$k(x_i, x_j) = \Phi^T(x_i)\Phi(x_j)$$

那么在非线性情况下，支持矢量机将分类问题归结为

$$\begin{cases} \max \Phi(x) = \sum_{i=1}^{l} \alpha_i - \frac{1}{2}\sum_{i,j=1}^{l} \alpha_i \alpha_j y_i y_j K(x_i, x_j) \\ \text{s.t.} \sum_{i=1}^{l} \alpha_i y_i = 0 \\ 0 \leqslant \alpha_i \leqslant C, \quad i = 1, 2, \cdots, l \end{cases}$$

从 KKT 条件可知，仅仅位于决策边界的训练样本，相应的 Lagrange 乘子才非零，即只有被称作支撑矢量的样本，才会影响超平面的建立。因此，这一方法被称为支持矢量机方法。

非线性决策函数为

$$f(x) = \text{sign}\left(\sum_{\text{支持矢量}} \alpha_i^* y_i K(x_i, x) + b^*\right)$$

可见，对非线性可分的情况，将数据映射到更高维的特征空间时，由于使用了核函数，不仅不需要知道非线性映射的形式，而且计算复杂度也没有随着特征空间维数的增加而产生维数灾难，而且由于该最优超平面最大化了间距，因而具有很好的泛化性能。

（二）经典的无监督学习算法——聚类

在无监督学习中，有一个重要的算法称为聚类。聚类算法是把具有相同特征的数据聚集在一组。在聚类分析中，我们希望有一种算法能够自动地将相同元素分为紧密关系的子集或簇，K均值算法（K-means）是使用最广泛的一种算法。

谱聚类（spectralclustering）是广泛使用的聚类算法，比起传统的K均值算法，谱聚类对数据分布的适应性更强，聚类效果也很优秀，同时聚类的计算量也小很多，更加难能可贵的是实现起来也不复杂。在处理实际的聚类问题时，谱聚类是应该首先考虑的几种算法之一。

谱聚类算法建立在图谱理论基础之上，利用数据相似矩阵的特征向量进行聚类，因而统称谱聚类。该算法与数据点的维数无关，仅与数据点的个数有关，因而可以避免由特征向量的维数过高所造成的奇异性问题。谱聚类吸引人的地方不是它能得到好的解，而是它可以用简单的标准线性代数问题求解。与其他聚类算法相比，谱聚类算法具有明显的优势，不仅思想简单、易于实现、不易陷入局部最优解，而且具有识别非高斯分布的聚类的能力，通过谱映射，能够将线性不可分问题转化为线性可分问题。谱聚类算法是一类流行的高性能计算方法。它将聚类问题看成一个无向图的多路划分问题。每一个点看成一个无向图的顶点，边表示基于某一相似性度量来计算得到的两点间的相似性，边的集合构成待聚类点间的相似性矩阵，它包含了聚类所需的所有信息。同时定义一个划分准则，在映射空间中最优化这一准则使得同一类内的点具有较高的相似性,而不同类之间的点具有较低的相似性。

聚类算法的一般原则是类内样本间的相似度大,类间样本间的相似度小。假定将每个数据样本看作图中的顶点 V,根据样本间的相似度将顶点间的边赋权重值,就得到一个基于样本相似度的无向加权图:$G(V, E)$。在图 G 中,我们可将聚类问题转变为如何在图 G 上的图划分问题。划分的原则是子图内的连权重最大化和各子图间的边权重最小化。针对这个问题,可基于将图划分为两个子图的 2-way 目标函数 Ncut:

$$\mathrm{minNcut}(A,B) = \frac{\mathrm{cut}(A,B)}{\mathrm{vol}(A)} + \frac{\mathrm{cut}(A,B)}{\mathrm{vol}(B)}$$

$$\mathrm{vol}(A) = \sum_{i \in A} \sum_{i \sim j} w_{ij}$$

$$\mathrm{cut}(A,B) = \sum_{i \in A, j \in B} w_{ij}$$

式中,cut(A,B) 是子图 A、B 的边,又叫"边切集"。从 minNcut(A,B) 中可以看出,目标函数不仅满足类内样本间的相似度小的情况,也满足类内样本间相似度大的情况。

$$\mathrm{asso}(A) = \sum_{i \in A} \sum_{j \in A, i \sim j} w_{ij} = \mathrm{vol}(A) - \mathrm{cut}(A,B)$$

$$\mathrm{minNcut}(A,B) = \min\left(2 - \frac{\mathrm{asso}(A)}{\mathrm{vol}(A)} + \frac{\mathrm{asso}(B)}{\mathrm{vol}(B)}\right)$$

如果考虑同时划分几个子图,则基于 k-way 的 Nor-malized-cut 目标函数为

$$\mathrm{Ncut}(v_1 v_2, \cdots, v_k) = \frac{\mathrm{cut}(v_1, v_1^c)}{\sum_{i \in v_1} \sum_j w_{ij}} + \cdots + \frac{\mathrm{cut}(v_k, v_k^\varepsilon)}{\sum_{i \in v_k} \sum_j w_{ij}}$$

经典谱算法由三个阶段组成:

(1)预处理:计算相似性矩阵并进行标准化得到拉普拉斯矩阵。

(2)谱映射:计算拉普拉斯矩阵的特征向量。

（3）后处理：采用不同的聚类算法聚类特征向量。它的一般框架为：①基于某种相似性度量，构造数据点集的相似性矩阵；②计算Laplacian矩阵；③计算L矩阵的特征值和特征向量；④将数据点映射到基于一个或多个特征向量确定的低维空间中；⑤基于数据点在新空间中的表示，划分数据点到两类或多类中。

（三）无监督学习算法——流形学习

什么是流形？想象一张白纸，该白纸构成一个二维平面，纸上的每个点都可以用二维坐标(x,y)进行表示。若将该白纸卷起来，相当于把这个二维平面"塞"进了三维空间中，此时纸上的点获得了其对应的空间坐标(x,y,z)，这张白纸就相当于三维空间中的二维流形。值得注意的是，在空间中两点间的距离通常是两点间连线的长度，但计算流形距离时，该连线必须处于流形平面上。

什么是流形学习？可以借助机器学习（machine learning）中learning的概念来理解流形学习，机器学习里的学习，就是在建立一个模型之后，通过给定数据来求解模型参数。而流形学习就是在模型里包含了对数据的流形假设。

1. 流形学习简介

流形学习的目的是发现高维数据中我们所不能直接观测到的结构信息，如流形的内在维数。因此我们希望获得的低维嵌入能够保持这些信息，如胚形不变，保持度量或者角度。要有效描述具有嵌入流形结构的数据集的相关性和发展数据集的内在规律，实质上是要解决"流形学习"问题。流形学习假定数据集在未知但存在的低维内在变量作用下，在观测空间形成高维流形。这一问题具有普遍性，在图像、语音、文本中都存在这一现象。

2. 局部线性嵌入（LLE）算法

流形学习本身作为非监督学习的一种，在降维能力上有着较好的优势。首先，高维数据往往面临着经典的维数灾难问题，而流形学习理论中强调的是高维数据是由内在的低维变量所生成的。目前一些监督流形学习算法被提了出来，下面主要介绍局部线性嵌入（Locally Linear Embedding, LLE）算法，其试图保存邻域内样本之间的线性关系。

LLE 算法的基本思想在于使高维空间中的样本重构关系在低维空间中得以保持。假设在原高维空间中，样本点 x_i 的坐标能通过其邻域样本坐标线性组合而重构出来，即

$$x_i = \sum_{j \in N(x_i)} w_{ij} x_j$$

约定 $\{x_i \in R^n, i=1,2,\cdots,N\}$ 是对应的观测空间中获得的样本，每个样本可以描述为一个 n 维向量，$\{z_i \in R^d, i=1,2\}$ 表示嵌入的结果降维后的样本，样本的维度为 d，有 $d < n$，LLE 算法步骤如下：

使用样本 x_i 的邻域 $N(x_i)$ 里的样本可以拟合出一个平面逼近流形，并且用这些样本的线性组合表达出 x_i。这是一个带约束的最小二乘问题，即

$$\psi(w) = \sum_{i=1}^{N} \left\| x_i - \sum_{j \in N(x_i)} w_{ij} x_j \right\|^2$$

并满足约束 $\sum_{j \in N(x_i)} w_{ij} = 1$。其余的 $w_{ij} = 0$，$x_j \notin N(x_i)$。

LLE 算法假定由上一步在观测空间中获得的邻域以及表达出 x_i 的系数 w_{ij} 在嵌入低维空间时应最大限度地加以保留，由此重构出的 z_i 应满足能最小化 $\psi(Z)$：

$$\psi(Z) = \sum_{i=1}^{N} \left\| z_i - \sum_{j \in N(x_i)} w_{ij} z_j \right\|^2$$

其中 $z = (z_1, z_2, \cdots, z_N)$，为了固定嵌入结果并且避免坍缩到一点，增加如下两个约束条件：

$$\begin{cases} \sum_{i=1}^{N} z_i = 0 \\ \dfrac{1}{N}\sum_{i=1}^{N} z_i z_i^T = I \end{cases}$$

令 $\mathbf{Z} = \{z_1, z_2, \cdots, z_N\}$，$\mathbf{W}_{ij} = w_{ij}$，$\psi(Z) = \sum_{i=1}^{N}\left\| z_i - \sum_{j \in N(x_i)} w_{ij} z_j \right\|^2$ 可重写为

$$\psi(Z) = \sum_{i=1}^{N}\|Z_i - ZW_i\|^2 = \sum_{i=1}^{N}\|Z(I_i - W_i)\|^2 = tr\left(Z(I-W)^T(I-W)Z^T\right)$$

令 $M = (I-W)^T(I-W)$，则转化为如下特征值问题：

$$Z^* = \arg\min\nolimits_Z \varphi(Z) = \arg\min\nolimits_Z trZ(I-W)^T(I-W)Z^T = \arg\min\nolimits_Z tr\left(ZMZ^T\right)$$

式中，I 是单位矩阵，tr 表示取矩阵对角元素和，即矩阵的迹。降维后的样本为 d 维，而 M 的最小特征值为 0，则最优解 $\mathbf{Z}^*$ 是矩阵 M 第 2 个到第 $d+1$ 个最小的特征值，也就是前 d 个最小的非 0 特征值所对应的特征向量组成的矩阵的转置。

（四）半监督学习

前面我们分别了解了监督学习与无监督学习的经典算法，接下来学习另一种算法——半监督学习。

传统的监督学习需要使用很多具有标记的训练样本，然而，在很多实际的机器学习和数据挖掘应用中，虽然很容易获得很多训练样本，但为训练样本提供标记却往往需要大量的人力和物力。例如，在进行 Web 网页分类时，可以很容易地从网上获取大量的网页，但很难要求用户花费大量的时间来为网页提供类别信息。如果能够充分利用大量的无标记的训练样本，也许可以弥补有标记训练样本的不足。正是这一需求导致了半监督学习的出现。

目前已经出现了很多有效的半监督学习方法。这些方法的共同点是先基于有标记的训练样本训练出一个学习器，利用该学习器学习一些合适的无标记的样本并对其进行标记，利用这些新的有标记的样本对学习器进行进一

步的精化。关键是如何选择出合适的无标记样本进行标记。值得注意的是，现有的半监督学习方法的性能通常不太稳定，而半监督学习技术在什么样的条件下能够有效地改善学习性能，仍然是一个未解问题。因此，尽管半监督学习技术在文本分类等领域已经有很多成功的应用，但该领域仍然有很多问题需要进一步深入研究。

1. 半监督学习中的协同训练方法

根据半监督学习算法的工作方式，可以大致将现有的很多半监督学习算法分为三大类。第一类算法以生成式模型为分类器，将未标记示例属于每个类别的概率视为一组缺失参数，然后采用 EM 算法进行标记估计和模型参数估计。此类算法可以看成在少量有标记示例周围进行聚类，是早期采用聚类假设的做法。第二类算法是基于图正则化框架的半监督学习算法，此类算法直接或间接地利用了流形假设，它们通常先根据训练样本及某种相似度量建立一个图，图中节点对应（有标记或未标记）示例，边为示例间的相似度，然后，定义所需优化的目标函数，并使用决策函数在图上的光滑性作为正则化项来求取最优模型参数。第三类算法是协同训练算法。此类算法隐含地利用了聚类假设或流形假设，它们使用两个或多个学习器，在学习过程中，这些学习器挑选若干个置信度高的未标记示例进行相互标记，从而使得模型得以更新。在最早的协同训练算法出现后，很多研究者对其进行了研究并取得了很多进展，使得协同训练成为半监督学习中最重要的方法之一，而不再只是一个算法。

2. 协同训练算法

最初的协同训练算法是布鲁姆（A.Blum）和米切尔（T.Mitchell）在 20 世纪 90 年代提出的。他们假设数据集有两个充分冗余的视图，即两个满足下述条件的属性集：第一，每个属性集都足以描述该问题，也就是说，如果训练样本足够，在每个属性集上都足以学得一个强学习器；第二，在给定标记时，每个属性集都独立于另一个属性集。布鲁姆和米切尔认为，充分冗余视图这一要求在不少任务中是可以满足的。例如，在一些网页分类问题上，既可以根据网页本身包含的信息来对网页进行分类，也可以利用链接到该网页的超链接所包含的信息来进行正确分类。这样的网页数据就有两个充分冗余视图。刻画网页本身包含的信息属性集构成第一个视图，而刻画超链接所包含的信息属性集构成第二个视图。布鲁姆和米切尔的算法在两个视图中利用有标记示例分别训练出一个分类器，然后，在协同训练过程中，每个分类器从未标记示例中挑选出若干置信度（对示例赋予正确标记的置信度）较高的示例进行标记，并把标记后的示例加入另一个分类器的有标记训练集中，以便对方利用这些新标记的示例进行更新。协同训练过程不断迭代进行，直到达到某个停止条件。该算法可以有效地通过利用未标记示例提升学习器的性能，实验也验证了该算法具有较好的性能。

（五）集成学习

集成学习（ensemble learning）是现在非常流行的机器学习方法。它本身不是一个单独的机器学习算法，而是组合多个弱监督模型，以期得到一个更好、更全面的强监督模型，集成学习潜在的思想是即便某一个弱分类器得到了错误的预测，其他的弱分类器也可以将错误纠正回来，也就是我们常说的"博采众长"。集成学习可以用于分类问题集成、回归问题集成、特征选取集成、异常点检测集成等，可以说所有的机器学习领域都可以看到集成学习的身影。集成学习就是组合这里的多个弱监督模型，以期得到一个更好更全面的强监督模型，也就是说，集成学习主要有两个问题：一是如何得到若干个个体学习器；二是如何选择一种结合策略，将这些弱学习器集成为强学习器。

1. 个体学习器

个体学习器有两种选择。一种是所有个体学习器是一个种类的，或者说是同质的，比如都是决策树或者神经网络。另一种是所有个体学习器不全是一个种类的，或者说是异质的，比如对训练集采用KNN、决策树、逻辑回归、朴素贝叶斯或者SVM等，再通过结合策略来集成。

目前，同质的个体学习器应用最广泛，一般我们常说的集成方法都是同质个体学习器。而同质学习器使用最多的是决策树和神经网络。另外，个体学习器之间是否存在依赖关系可以将集成方法分为两类。一类是个体学习器之间存在强依赖关系，即串行，代表算法是 Boosting 系列算法（Adaboost 和 GBDT）；另一类是个体学习器之间不存在依赖关系，即并行，代表算法是 Bagging 和随机森林。下面分别对这两类算法做一个总结。

2.Boosting 算法

Boosting 算法的工作机制是首先从训练集用初始权重训练出一个弱学习器 1，根据弱学习的学习误差率表现来更新训练样本的权重，使得之前弱学习器 1 学习误差率高的训练样本点的权重变高，这些误差率高的点在后面的弱学习器 2 中得到更多的重视。然后基于调整权重后的训练集来训练弱学习器 2，如此重复进行，直到弱学习器数达到事先指定的数目 T，最终将这 T 个弱学习器通过集合策略进行整合，得到最终的强学习器。

Boosting 系列算法里最著名的算法主要是 AdaBoost 算法提升树（Boosting Tree）系列算法。提升树系列算法里面应用最广泛的是梯度提升树（Gradient Boosting Tree）。

3.Bagging 算法

Bagging 的算法原理和 Boosting 不同，其弱学习器之间没有依赖关系，可以并行生成，相互之间没有影响，可以单独训练。但是单个学习器的训练数据是不一样的。假设原始数据中有 n 个样本，有 T 个弱学习器，在原始数据中进行 T 次有放回的随机采样，得到 T 个新数据集，作为每个弱分类器的训练样本，新数据集和原始数据集的大小相等。每一个新数据集都是在原始数据集中有返回地选择 n 个样本得到的。

随机森林是 Bagging 的一个特化进阶版，特化是指随机森林的弱学习器都是决策树，进阶是指随机森林在 Bagging 的基础上，又加上了特征的随机选择，其基本思想和 Bagging 一致。

4.Bagging 与 Boosting 的区别

（1）Bagging 和 Boosting 采用的都是采样—学习—组合的方式，但在细节上有不同，如 Bagging 中每个训练集互不相关，也就是每个基分类器互不相关，而 Boosting 中训练集要在上一轮的结果上进行调整，也使得其不能并行计算。

（2）Bagging中预测函数是均匀平等的，但在Boosting中预测函数是加权的。

（3）从算法来看，Bagging关注的是多个基模型的投票组合，保证了模型的稳定，因而每一个基模型就要相对复杂一些，以降低偏差（比如每一棵决策树都很深）；而Boosting采用的策略是在每一次学习中都减少上一轮的偏差，因而在保证了偏差的基础上就要将每一个基分类器简化使得方差更小。

（六）深度学习

深度学习是机器学习的重要分支，它起源于神经网络，但现在已超越了这个框架。至今已有数种深度学习框架，如深度神经网络、卷积神经网络、深度置信网络和递归神经网络等，已被应用于计算机视觉、语音识别、自然语言处理、音频识别与生物信息学等领域并取得了极好的效果。

1. 深度学习（deeplearning）与传统的神经网络异同

深度学习与传统的神经网络的相同之处在于深度学习采用了与神经网络相似的分层结构，系统由包括输入层、隐层（多层）、输出层组成的多层网络，只有相邻层节点之间有连接，同一层以及跨层节点之间相互无连接，每一层可以看作一个逻辑回归模型。这种分层结构比较接近人类大脑的结构。

为了克服神经网络训练中的问题，深度学习采用了与神经网络不同的训练机制。传统神经网络采用反向传播的方式，简单来讲就是采用迭代的算法来训练整个网络，随机设定初值，计算当前网络的输出，然后根据当前输出和标签之间的差去改变前面各层的参数，直到收敛（整体是一个梯度下降法）。而深度学习整体上是一个层级的训练机制。这样做的原因是，如果采用反向传播的机制，对于一个深度学习（7层以上），残差传播到最前面的层已经变得太小，会出现所谓的梯度扩散。

2. 深度学习训练过程

（1）采用无标记数据（或有标记数据）分层训练各层参数，这一步可以看作一个无监督训练过程，是和传统神经网络区别最大的部分（这个过程可以看作特征选择的过程）。具体地，先用无标定数据训练第一层，训练时可以采用自编码器来学习第一层的参数（这一层可以看作得到一个使得输出和输入差别最小的三层神经网络的隐层），由于模型容量的限制以及稀疏性约束，使得到的模型能够学习到数据本身的结构，从而得到比输入更具有表示能力的特征。在学习得到第 $n-1$ 层后，将 $n-1$ 层的输出作为第 n 层的输入，训练第 n 层，由此分别得到各层的参数。

（2）基于第一步得到的各层参数进一步去微调整个多层模型的参数，这一步是一个有监督的训练过程。第一步类似神经网络的随机初始化初值过程，由于深度学习第一步不是随机初始化，而是通过学习输入数据的结构得到的，因而这个初值更接近全局最优，从而能够取得更好的效果。所以深度学习效果好很大程度上归功于第一步的特征选择过程。

总之，深度学习能够得到更好的表示数据的特征，同时由于模型的层次、参数很多，容量足够，因此，模型有能力表示大规模数据，所以对于图像、语音这种特征不明显（需要手工设计且很多没有直观物理含义）的问题，能够在大规模训练数据上取得更好的效果。此外，从模式识别特征和分类器的角度，深度学习框架将特征和分类器结合到一个框架中，用数据学习特征，在使用中减少了手工设计特征的巨大工作量（这是目前工业界工程师付出努力最多的方面），因此不仅效果可以更好，而且使用起来也有很多方便之处。

第三节 机器学习算法的应用

机器学习的发展已经覆盖到很多领域，如分子生物学、计算金融学、工业过程控制、行星地质学、信息安全等，在各个领域都有着广泛的应用。本节主要介绍机器学习中的主动学习在高光谱图像分类中的应用。

高光谱图像技术作为对地观测的一种重要手段，它克服了单波段以及多波段遥感影像的特征维度低、包含的地物信息少的缺陷，为近现代的军事、农业、航海、生态环境等领域作出了巨大的贡献。高光谱图像最大的特点是图谱合一、光谱分辨率高，这些特征为地物目标识别提供了有力的依据。但是，在起初的分类处理中，学者们仅利用光谱信息而忽略了空间信息，得到的分类结果并不是很理想。同时，现实中有标记样本的获取需要付出很大的代价，如何在小样本情况下获得理想的分类效果就成了学者们的研究方向。基于支持向量机（Support Vector Machine，SVM）的主动学习可以很好地解决这个问题，其通过不断地学习，选取出少量的富含信息的已标记样本，使得分类器的性能得以快速提升。因此，本节阐释通过使用主动学习的分类方法，利用更少的已标记样本获得较高的分类结果。

一、算法原理

在主动学习中，采样策略是至关重要的，它主要由两部分构成：不确定性准则和多样性准则。其中，不确定性准则的目的是选取富含信息的样本，多样性准则的目的是去除所选样本的冗余。采样策略的终极目标是利用少量的富含信息的样本快速提升分类器性能。接下来介绍多层次不确定性（MultiClass-LevelUncertainty，MCLU）准则。

MCLU 也是一个被广泛使用的不确定性准则，它以分类超平面几何距离为依据，通过计算样本相距每个分类超平面的距离，进而得到前两个最大距离的差值，差值越小说明将该样本被划分为这两个类别的可信度越小，则该样本包含的信息量就越大，将其添加到训练样本集后对于分类器性能提升也会更大。

按照下式，计算样本的 MCLU 值：

$$\begin{cases} r_1 = \underset{j=1,2,\cdots,c}{\arg\max}\{f_j(x)\} \\ r_2 = \underset{j=1,2,\cdots,c, j\neq r_1}{\arg\max}\{f_j(x)\} \end{cases}$$

$$X^{\text{MCLU}} = f_{r_1}(x) - f_{r_2}(x)$$

其中，r_1 表示样本相对于分类面的距离的最大值的序号，r_2 表示样本相对于分类面距离的次大值的序号，X^{MCLU} 表示样本 x 的 MCLU 值。

算法步骤如下：

（1）分别输入一幅待分类的高光谱图像及其对应的图像数据集，该图像数据集包含数据样本的光谱信息和类别标签。

（2）对样本的光谱信息采用主成分分析法进行降维处理，提取前10个主成分 PC，即高光谱图像的光谱特征。

（3）根据样本的类别标签，从光谱特征 PC 的每一类样本中，随机选取10个训练样本作为训练集 T，其余样本为测试集 U。

（4）利用训练集 T 进行支持向量机 SVM 有监督分类。

（5）根据最大不确定性 $MCLU$ 准则，将测试集 U 中的样本按照其相应 $MCLU$ 值的大小，从小到大依次排列。

（6）选取测试集 U 中的前50个样本进行人工标记。

（7）将标记的样本加入训练样本集 T，同时将其从测试样本集 U 中移除，生成新的训练样本集 T' 和测试样本集 U'。

（8）利用训练样本集 T'，进行 SVM 有监督分类，得到高光谱图像的分类结果。

（9）判断训练样本集 T' 中的样本数量是否达到预设数量，若是，则执行步骤（10）；否则，返回步骤（5）。

（10）由分类结果构造最终分类图，输出最终分类图。

二、实验数据集 Indiana Pines 介绍

Indiana Pines 是由美国国家航天局的机载可见/红外成像光谱仪（AVIRIS）对美国 Indiana 州西北部印第安遥感实验区进行成像的结果，共包含16类地物，如树木、草地和农作物等，光谱范围为 $375\mu m \sim 2200\mu m$，空间分辨率为20m。Indiana Pines 共有220个波段，由于水雾和大气等噪声的污染去除了其中的20个波段，实验使用的是剩余的200个波段，共10366个样本。

三、高光谱图像分类精度的评价

在高光谱图像分类中，常用于评价算法性能的指标有整体精度（OverallAccuracy，OA）、平均精度（AverageAccuracy，AA）和 Kappa 系

数（KappaCoefficient）。

（1）整体精度：将分类结果正确的样本数除以全部样本数后得到的数值称为整体精度，范围在 0 ~ 100%，且数值越大表示算法性能越好。

（2）平均精度：先计算各个类别中被正确分类样本所占的比重，得到每类的分类精度，然后求出这些精度的均值即为平均精度，范围在 0 ~ 100%，且数值越大算法性能越好。

（3）Kappa 系数：Kappa 系数计算过程中用到了混淆矩阵。设混淆矩阵 E 的表达式如下：

$$E = \begin{bmatrix} e_{11} & \cdots & e_{1L} \\ \vdots & \ddots & \vdots \\ e_{L1} & \cdots & e_{LL} \end{bmatrix}$$

式中，L 表示样本类别数，$e_{i_2 j_2}$ 表示类别项 j_2 被识别为类别 i_2 的样本数量，$i_2 = 1, 2, \cdots, L$，$j_2 = 1, 2, \cdots, L$，样本总数为 n。那么，Kappa 系数的计算公式为

$$\text{Kappa} = \frac{n \left(\sum_{i_2=1}^{L} e_{i_2 i_2} \right) - \sum_{i_2=1}^{L} \left(\sum_{j_2=1}^{L} e_{i_2 j_2} \sum_{j_2=1}^{L} e_{j_2 i_2} \right)}{n^2 - \sum_{i_2=1}^{L} \left(\sum_{j_2=1}^{L} e_{i_2 j_2} \sum_{j_2=1}^{L} e_{j_2 i_2} \right)}$$

Kappa 系数的范围为 -1 ~ 1，通常落在 0 ~ 1，且数值越大代表算法的性能越好。

第五章 人工神经网络

第一节 人工神经网络与神经网络

人工神经网络（Artificial Neural Network，ANN）是在模拟人脑神经系统的基础上实现人工智能的途径，因此认识和理解人脑神经系统的结构和功能是实现人工神经网络的基础。现有研究成果表明，人脑是由大量生物神经元经过广泛互连而形成的，基于此，人们首先模拟生物神经元形成人工神经元，进而将人工神经元连接在一起，形成人工神经网络。因此这一研究途径也常被人工智能研究人员称为"连接主义"（connectionism）。又因为人工神经网络开始于对人脑结构的模拟，试图从结构上的模拟达到功能上的模拟，这与首先关注人类智能的功能性，进而通过计算机算法来实现的符号式人工智能正好相反，为了区分这两种相反的途径，我们将符号式人工智能称为"自上而下的实现方式"，而将人工神经网络称为"自下而上的实现方式"。

人工神经网络中存在两个基本问题。第一个问题是人工神经网络的结构问题，即如何模拟人脑中的生物神经元以及生物神经元之间的互连方式。确定了人工神经元模型和人工神经元互连方式，就确定好了网络结构。第二个问题是在所确定的结构上如何实现功能的问题，这一般甚至可以说必须是通过对人工神经网络的学习来实现的，因此主要是人工神经网络的学习问题，即在网络结构确定以后，如何利用学习手段从训练数据中自动确定神经网络中神经元之间的连接权值。这是人工神经网络中的核心问题，其智能程度更多地反映在学习算法上，人工神经网络的发展也主要体现在学习算法的进步上。当然，学习算法与网络结构是紧密联系在一起的，网络结构在很大程度上影响着学习算法的确定。事实上，网络结构也可以通过学习手段来获得，但相比权值学习，网络结构的学习要复杂得多，因此相应工作并不多见。近年来，人们通过机器学习方式对复杂的深度网络结构进行剪枝，以使其简单化的工作，体现了一定的结构学习特性。

人工神经网络是多种多样的，视其所起的作用、训练方式、连接方式等可将其以不同的方式加以分类。

（一）按作用分类

按所起的作用可将人工神经网络分为分类、聚类、联想记忆等三种。

1. 分类用的人工神经网络

这类网络属于有监督学习的网络，可通过已知类别的样本数据训练网络，从而设计分类器。而对于未知类别的样本送入网络可实现分类预测，如感知器网络、BP 网络、RBF 网络等。

2. 聚类用的人工神经网络

这类网络属于无监督学习的神经网络。未知类别的训练样本通过相似性分析（实际是通过竞争学习），使网络实现样本的聚类分析或类别划分，未知类别的样本送入网络可实现归类预测，如汉明网、一般的竞争网络、Kohonon 自组织特征映射网络都属于这一类网络。这一类人工神经网络又称为数据分析的人工神经网络。

3. 用于联想记忆与求最优化问题的神经网络

当将网络看成一个动力学系统模型，网络运行趋于稳态时，可实现联想记忆。当将属于某一记忆样本或存在残差的样本送入网络时也可实现联想记忆（有时也称为异联想），如汉明网、Hopfield 神经网络都有联想记忆功能。而当进一步考虑动力学系统的某种能量函数时，由于系统稳定在能量极小的地方，因此，可利用该特性实现最优化问题求解，如 Hopfield 神经网络就可用于求解最优化问题。这一类人工神经网络也称为求最优化问题的人工神经网络。

当然，上述划分也不是绝对的，有些网络可能具有跨功能的特性，例如，汉明网既可看成竞争网络，也可看成联想记忆网络。

（二）按训练方式分类

训练也称为学习，实际上也就是用迭代的方式求解网络的一些参数，如权值和阈值或偏置等。按训练方式可将神经网络划分为有监督训练的神经网络和无监督训练的神经网络两类。

1. 有监督训练的神经网络

有监督训练的神经网络也称为有导师训练的神经网络，要求样本数据带有教师值，即希望输出，从而指导网络权值的调整训练。按 δ 学习律训练的网络属于有监督训练的神经网络，如感知器网络、线性网络以及 BP 网络等。

2. 无监督训练的神经网络

无监督训练的神经网络也称为无导师训练的神经网络。按 Hebb 学习律训练的网络和竞争网络都属于无监督训练的神经网络。Hopfield 神经网络按 Hebb 律设计神经元间的连接权值，以动力学模型让网络达到能量函数最小的平衡态，使系统实现记忆功能，并利用此性质实现优化问题求解。竞争学习的网络主要有汉明网络、用于向量量化分析的一般竞争网络、Kohonon 自组织特征映射网络等。该类网络也能实现模式记忆或自联想，实现向量量化分析。因此，该类人工神经网络也称为数据分析的人工神经网络。

第二节 前馈神经网络

前馈神经网络（以下简称前馈网络）是结构上不包含信息回路的神经网络。在网络工作过程中，信息从输入层输入，经若干中间层，逐层传递到输出层产生输出。从计算角度看，前馈网络建立了输入—输出之间的映射关系，是一种函数表达形式。事实上，人们已证明4层以上前馈网络足以表达任意的连续函数。当然一个前馈网络是否能准确表达待求解的函数，除了结构以外，还依赖于相应学习算法的有效性，二者是紧密交织在一起的。前馈网络的每一次大发展，从最初的单层感知器，到多层感知器，再到深度网络，都是结构和学习算法的共同进步。

前馈神经网络可以看作函数，既可以从结构推得其所表达的函数形式，也可以从所表达的函数形式反推网络结构。径向基函数网络是后者的一个典型代表，从中可以更好地看出前馈网络与函数之间的内在联系。

一、感知器

感知器是美国学者罗森勃拉特（Rosenblatt）为研究大脑的记忆、学习和认知过程而提出的一种前馈网络模型。作为最先提出的具有自学习能力的神经网络模型，感知器在神经网络发展史上占有重要地位。

（一）感知器结构与学习算法

原始感知器由输入层和输出层两层构成，两层神经元之间采用全互连方式。在感知器中，输入层各神经元仅用于将输入数据传送给与之连接的输出神经元，计算仅发生在输出层，输出层各神经元中采用的整合函数为加权求和型函数，激活函数为阈值型函数，设第 j 个输出神经元的连接权值为 $\omega_j = \{\omega_{0j}, \omega_{1j}, \cdots, \omega_{mj}\}$，其中 ω_{0j} 表示神经元输出阈值，ω_{ij} 表示第 i 个输入神经元与第 j 个输出神经元之间的连接权值；输入神经元和输出神经元的个数分别为 m 和 n，$x = \{x_1, x_2, \cdots, x_m\}$ 与 $y = \{y_1, y_2, \cdots, y_n\}$ 分别表示任意一个输入及其所产生的输出，则有

$$y_j = \begin{cases} 1, \sum_{i=0}^{m} \omega_{ij} x_i > 0 \\ 0, \sum_{i=0}^{m} \omega_{ij} x_i \leqslant 0 \end{cases}$$

在感知器结构基础上，罗森勃拉特提出了学习神经元连接权值和输出阈值的感知器学习算法。对于具有 m 个输入神经元和 n 个输出神经元的感知器来说，共有 $m(n+1)$ 个需要调整的连接权值（神经元的输出阈值作为一个连接权值）。感知器学习算法为监督学习算法，其中关键是根据输入 x_k、实际输出 y_k、期望输出 $d_k = \{d_1, d_2, \cdots, d_n\}$ 对连接权值进行调整，即

$$\omega_{ij} \leftarrow \omega_{ij} + \eta x_i (d_j - y_j), i = 1, 2, \cdots, m, j = 0, 1, \cdots, n$$

（二）感知器的局限性

对于上面所讨论的感知器学习算法，诺维科夫（Novikoff）等学者在20世纪60年代初期给出了严格的证明，证明该算法对于线性可分的样本是收敛的。由于这种网络具有类似人的自学习、自组织能力，因此当时人们对它寄予了很大的期望，但不久却发现由于其结构上的简单，使得感知器在功能上具有很大的局限性。明斯基和帕勃特从数学上分析了以感知器为代表的神经网络系统的功能和局限性，并出版了《感知器》（Perceptron）一书。书中指出感知器仅能解决线性问题，不能解决非线性问题。比如，XOR（异或）运算就不能通过感知器算法来解决。下面详细说明感知器为什么不能解决异或问题。

只有当两个输入值相异时，输出值才为1，否则输出值为0。根据感知器的输入输出映射关系，即 $y = f(\omega_1 x_1 + \omega_2 x_2 - \theta)$，要用感知器解决异或问题，必须存在 $\omega_1, \omega_2, \theta$，满足如下方程组，即

$$\begin{cases} -\theta < 0 \\ \omega_1 - \theta \geq 0 \\ \omega_2 - \theta \geq 0 \\ \omega_1 + \omega_2 - \theta < 0 \end{cases}$$

但这一方程组无解，因此单层感知器无法表达异或函数。

异或函数为非线性函数，感知器不能表达非线性函数的关键在于其结构简单，仅有一层计算节点，而且该节点采用加权求和型整合函数与阈值型激活函数，导致其结构本身只能表达线性函数。因此进一步解决非线性问题，需增加网络结构的复杂性，特别是增加网络层数。但层数增加以后，又带来如何有效学习的问题，这一问题直到BP网络提出后，才有了新的突破。

二、卷积神经网络

BP网络一般为3~4层。实际上，层数还可进一步增加，由此导致

深度神经网络（deep neural network，DNN）概念的出现。卷积神经网络（convolutional neural network，CNN）是深度网络的早期代表，也是目前经常采用的深度网络形式之一。与 BP 网络相比，CNN 网络的不同点主要体现在结构上。BP 网络中两层之间的神经元是全互联的，前一层的所有神经元与下一层的所有神经元都存在连接关系。而 CNN 网络中各层之间不一定是全连接的，在其部分层次之间，前一层神经元仅与下一层的部分神经元连接。下一层的神经元也仅与上一层的部分神经元连接，这样的层称为卷积层，也是卷积神经网络这样命名的原因。此外，神经元连接权值还可以在不同神经元之间共享。这些因素导致 CNN 的结构具有稀疏性（sparsity），这也是其能取得良好效果的重要原因之一。

CNN 发端于 LeCun 所提出的用于字符识别的 LeNet 网络，当时还没有冠以深度网络的概念。而 CNN 网络真正引起广泛关注则是在 Alex 等将其应用于 ImageNet 图像分类竞赛（LSVRC-2010），并在竞赛中获得最好识别率之后，相应网络常称为 AlexNet。

（一）何谓卷积

CNN 网络结构整体上可分为两个大的部分。第一部分是卷积层，其结构是稀疏的，后一层的一个神经元仅连接到前一层的部分神经元上。从视觉应用上看，这种局部连接关系类似于人眼神经系统的感受域（receptive field）。第二部分是判别层，在卷积层输出信息的基础上获得最终结果（比如分类结果），其结构是稠密的和全连接的，与 BP 网络结构基本一致。因此 CNN 网络的特点主要在于卷积部分，该部分中每一层到下一层的连接均起到卷积运算（convolution）的作用，即将上一层一个小区域内的数据，卷积成一个值输入到下一层。从结构上说，就是上一层一个小区域内的神经元连接到下一层的一个神经元上，并采用加权求和型整合函数，这种计算方式便称为卷积，而具体卷积形式还取决于相应的权值，称为卷积核（kernel）。

对于卷积核的构造，有三个重要参数。第一个是小窗口的大小，即卷积核的大小，或称尺度。我们可以在任意尺度上计算卷积，事实上，即使采用全连接方式，当采用加权求和型整合函数时，其计算性质仍然可视为卷积，只是卷积核的尺度为整幅图像。事实上，从计算本质上说，卷积运算就是加权求和型整合运算。第二个是小窗口的间隔距离（stride），或者可以看作不同窗口之间的重叠度，显然不同窗口之间应有一定的重叠，才能保证获得良好的效果。第三个是卷积核的通道数，直观表现为每一层的厚度。事实上，在下一层同一位置处的卷积运算可采用不同权值重复计算多次，即下一层一个特定位置上的神经元与前一层若干个神经元之间的连接可以有多组，使得在同一位置上有多个输出，每个输出称为不同的通道（channel）。

（二）CNN结构上的池化特点

除了卷积层以外，在CNN网络中往往还有池化层（pooling），通常位于两个卷积层之间，用于对卷积层一定区域内的数据做进一步处理后输出，比如求区域内的最大值、平均值等，通常设置stride值大于1，从而导致数据尺度的缩小，因此也称为下采样（downsampling）或子采样（subsampling）。除了池化外，也可通过卷积运算来实现下采样，事实上平均池化就是一种特定的卷积运算。

池化运算与卷积运算在基本计算形式上是相似的，都是获得小区域内的综合值，因此都有尺度和间隔距离作为参数。不同之处在于池化运算是固定的，不是通过权值学习计算出来的。另外池化运算是在每个通道上分别进行的，即每个通道上分别求出一个池化值进入下一层，而在卷积运算中则是在所有通道上进行卷积的。比如第二层卷积层与第三层卷积层之间有一个最大池化层，其在上一层一定区域内的所有48维数据中，分别求每一维的最大值，获得一个48维数据。而第二层卷积层到第三层卷积层的一个卷积运算则是将所有$5 \times 5 \times 48$的数据卷积成一个值。

池化层的主要作用在于降低数据尺度，减少空间位置对特征的影响，实现平移不变等特性。

（三）CNN的学习

CNN网络的学习目标和优化方法与BP网络可以是一致的，即都可采用最小平方误差学习目标和梯度下降优化方法，也就是说可以采用与BP学习算法完全相同的算法在CNN结构上进行学习。LeNet网络与AlexNet网络以及目前主要的 CNN 网络都是采用这样的学习方式。

同前，运用 BP 算法时，主要任务变成了在误差反向传播过程中对各层误差函数的求导。这里，相比经典的 BP 网络来说，有如下几点特殊的处理：

首先，ReLU 激活函数在 0 点处实际是不可导的，为了运用 BP 学习算法，人们规定 ReLU 函数在 0 点处的导数为 0，即

$$\mathrm{relu}'(x) = \begin{cases} 1, x > 0 \\ 0, x \leqslant 0 \end{cases}$$

于是，其求导运算只需做输入值的判断，运算量大大低于 S 型函数的求导，从而大大加快训练速度，这也是其实践中优于 S 型函数的一个方面。

其次，最大池化运算同样是不可导的，我们采用上述类似 ReLU 激活函数求导的处理策略，人为规定池化窗口中最大值位置处对应的导数为 1，其他位置处的导数为 0。

三、全卷积网络与 U 型网络

CNN 网络主要针对分类应用，整个输入数据对应一个输出，网络的作用在于确定输入数据的类别。我们还可以从另外一种角度来认识上述 CNN 网络，将判别层也改为卷积层，使最后输出层的维度与输入数据的维度完全相同，使每个输入数据对应于一个输出，从而实现了所谓端到端（end-to-end）的分析。此类结构中的典型代表是全卷积网络（fully convolutional networks，FCN）与 U 型网络。

（一）网络结构

FCN 网络结构与 CNN 网络基本一致，只是最后的判别层变成了与原图同样大小的输出，正是这一点变化，使网络概念发生了根本的变化。站在输出结果的角度，CNN 网络是将输入数据作为一个整体来考虑，输出结果对应于整体的输入。而 FCN 则是将输入数据中的每个个体单独考虑，输出结果对应于每个个体，这样使个体之间的局部相关性得到了充分的考虑。

实际上，FCN 中倒数第二层到最后一层的计算，是一种升维的运算，为前面降维运算的逆运算。降维运算可视为从数据中不断抽取不同维度特

征信息的过程，这是一种下采样的效果，而升维运算则可视为将抽取的特征信息转换为与输入信息相对应的其他感兴趣信息的过程，是一种上采样（upsampling）的效果。如前所述，降维运算主要依靠卷积和池化两种操作，结合小窗口的间隔距离（stride）这个参数来实现。相对应地，升维操作可通过反卷积（deconvolution）和上池化（uppooling）来实现。

上池化是池化运算的逆操作，反卷积是卷积运算的逆操作。二者从网络结构上看，都是将前一层的一个神经元映射到后一层的多个神经元上，从而达到升维的效果。不同之处是上池化与池化一样，是不需要权值的，是一种固定的运算，比如可在池化时记忆小窗口内最大值位置，在上池化时使该位置处的值为1，其他位置处的值为0。反卷积运算则是有连接权值的，连接权值的不同将导致不同的运算，比如可得到通常的线性插值运算等。由于反卷积运算的连接权值可以通过学习得到，这就使得反卷积运算比上池化运算更灵活，理论上能从训练数据中获得更合适的运算效果。

升维时面临的另一个问题是尺度问题。在原始FCN网络中，倒数第二层为下采样的最后一层，维度很低，而最后输出层的数据维度与输入数据维度一致，维度很高，这样两层之间巨大的尺度差别，导致计算精度不理想，可以考虑通过融合不同尺度和将尺度逐步放大这样两条途径来提高计算精度。

所谓不同尺度的融合，是将下采样的不同尺度对接到最后的输出上，从而获得基于不同尺度特征的计算结果，再将不同尺度上的结果融合成一个单一的结果，比如对于不同尺度，可分别采用不同间隔（stride）尺度进行预测，再将小尺度上的预测结果通过上采样手段调整为与大尺度上的尺度一致，最后将不同尺度上的结果求和得到最终结果。

尺度逐步放大方式是指在升维过程中，不是从降维后的最后结果直接到输出结果，而是类似降维逐渐降低尺度那样，逐渐提升尺度，这样升维过程与降维过程完全对应起来，整体网络结构先是从原始输入开始逐渐降低尺度，直到所设计的最小尺度，然后再逐渐增大尺度，直到恢复成与原始输入同样大小的输出，这样整体上形成了一种U型结构，称为U型网络。

（二）学习方式

虽然 FCN 网络和 U 型网络结构上改变为端到端的模式，但学习上还是采用 BP 学习算法，将输出结果与预期结果之间的误差作为学习目标，将梯度下降方法作为优化方法。

四、深度信念网络

深度信念网络（deep believe network，DBN）是不同于 CNN 网络的另一种网络深度扩展方式，是针对 BP 学习算法对于超过 4 层以上网络学习效果不理想的问题而提出的，其关键贡献在于两点：

①解决 BP 学习仅依赖于标注数据的问题，将非监督学习方法引入前馈网络的学习，从而能使大量非标注数据得到有效利用。

②引入逐层学习的机制，解决 BP 学习中网络高层易充分学习至饱和，而使低层得不到有效学习的问题。

（一）DBN 网络结构

不论是可见层或是隐含层，网络中的每个神经元都是一个二值随机变量，神经元的输出是其取值为 1 的概率。网络整体表达的则是这些随机变量的联合分布。设 v 表示可见层神经元变量组成的矢量，h^i 表示第 i 层隐含层神经元变量组成的矢量，则 DBN 网络对应的随机变量联合分布形式为

$$p(v,h^1,h^2,L,h^l) = p(v|\ h^1)p(h^1|\ h^2)\cdots p(h^{l-2}|\ h^{l-1})p(h^{l-1}\ h^l)$$

设第 i 层神经元个数为 n^i，$v = h^0$，则有

$$p(h^{i-1}|\ h^i) = \prod_{j=1}^{n^i} p(h_j^{i-1}|\ h^i)$$

上两式所表达的统计分布与随机变量之间的统计依赖关系是一致的，即同一层神经元变量之间彼此独立，最高的两层隐含层神经元变量之间互相依赖，除最高两层之外，其他邻近的两层神经元变量之间，均是低层神经元变量依赖于其上一层神经元变量。由此可见，DBN 网络结构可视为一种统计分布的表示形式。从这一点来说，与贝叶斯信念网是一致的，DBN 网络

可被看作一种特定的贝叶斯信念网。

进一步地，$p\left(h^{i-1}\mid h^i\right)=\prod_{j=1}^{n^i}p\left(h_j^{i-1}\mid h^i\right)$ 中每个变量的条件分布设定为伯努利（Bernoulli）分布，即

$$p\left(h_j^{i-1}\mid h^i\right)=\frac{1}{1+\exp\left(-b^i-\sum_{k=1}^{n^i}\omega_{kj}^{i-1}h_k^i\right)}$$

式中，b_j^{i-1} 为神经元 h_j^{i-1} 的输出阈值；ω_{kj}^{i-1} 为 h_j^{i-1} 与上一层第 k 个神经元的连接权值。

$p\left(v,h^1,h^2,L,h^l\right)=p\left(v\mid h^1\right)p\left(h^1\mid h^2\right)\cdots p\left(h^{l-2}\mid h^{l-1}\right)p\left(h^{l-1}\ h^l\right)$ 中最高两层的联合分布则采用受限玻尔兹曼机（Restricted Boltzman Machine，RBM），其形式为

$$p\left(h^{l-1},h^l\right)=\frac{1}{z}\mathrm{e}^{E\left(h^{l-1},h^l\right)}=\frac{1}{\sum_{h^{l-1},h^l}\mathrm{e}^{E\left(h^{l-1},h^l\right)}}\mathrm{e}^{E\left(h^{l-1},h^l\right)}$$

式中，$E\left(h^{l-1},h^l\right)$ 为能量函数，设 b_i^{l-1},b_j^l 分别表示 h^{l-1} 和 h^l 层中任意一个神经元的偏置，w_{ij} 表示 h^{l-1} 和 h^l 层中任意一对神经元之间连接权值，则有

$$E\left(h^{l-1},h^l\right)=-\sum_i b_i h_i^{l-1}-\sum_j b_j h_j^l-\sum_{i,j}h_i^{l-1}h_j^l w_{ij}$$

（二）RBM 学习算法

DBN 学习任务是从数据中获得网络所表达的统计分布，确定其中的参数，这一任务正是典型的非监督学习任务，因此可用非标注数据进行学习。具体地，DBN 采用了逐层贪婪的非监督学习方法，从两层开始学习，学习完这两层后，再在其上叠加一层，新叠加的这一层与其邻近的下一层按同样方法继续学习，直至达到指定的最高层数。

每相邻两层进行学习时，均为 DBN 结构中的最上面两层。如前所述，

这两层对应于一个受限玻尔兹曼机分布，因此可将其作为一个独立的受限玻尔兹曼机来进行学习。其中，下层神经元对应可见变量，即可观测到的数据，令其用 v 表示（对应上一节中的 h^{l-1}）；上层神经元对应隐含变量，令其用 h 表示（对应上一节中的 h^l）。这里学习对象是下层可见变量的统计分布，因此学习准则可采用统计分布学习中常用的极大似然估计（maximum likelihood estimation，MLE）准则，通过使下层神经元变量的似然值最大化来获得网络参数，即

$$(W, b^v, b^h)^* = \arg\max_{W, b^v, b^h} \sum \log p(v)$$

式中，$W = \{w_{ij}\}$、$b^v = \{b_i^v\}$、$b^h = \{b_j^h\}$ 为受限玻尔兹曼机分布中的参数，如 $p(h^{l-1}, h^l) = \frac{1}{z} e^{E(h^{l-1}, h^l)} = \frac{1}{\sum_{h^{l-1}, h^l} e^{E(h^{l-1}, h^l)}} e^{E(h^{l-1}, h^l)}$ 所示。

我们可以同样采用随机梯度下降方法求解上式，每次在一个或一批数据上进行计算，从而完成 RBM 网络的学习。根据随机梯度下降方法，核心是获得似然函数对参数的导数，令 $\theta = (W, b^v, b^h)$，推导该导数计算公式如下。根据边际概率原理，对于给定的一个可见数据 v_0，我们有

$$\log p(v_0) = \log \sum_h p(v_0, h) = \log \sum_h \frac{e^{-E(v_0, h)}}{\sum_{v, h} e^{-E(v, h)}} = \log \sum_h e^{-E(v_0, h)} - \log \sum_{0, h} e^{-E(v, h)}$$

则有

$$\frac{\partial \log p(v_0)}{\partial \theta} = \frac{\partial \log \sum_h e^{-E(v_0, h)}}{\partial \theta} - \frac{\partial \log \sum_{v, h} e^{-E(\theta, h)}}{\partial \theta}$$

$$\frac{\partial \log \sum_h e^{-E(\omega_0, h)}}{\partial \theta} = \frac{1}{\sum_h e^{-E(v_0, h)}} \sum_h \frac{\partial e^{-E(v_0, h)}}{\partial \theta} = -\frac{1}{\sum_h e^{-E(v, h)}} \sum_h e^{-E(\omega_0, h)} \frac{\partial E(v_0, h)}{\partial \theta}$$

$$= -\sum_{h} \frac{e^{-E(v_0,h)}}{\sum_{h} e^{-E(0_0,h)}} \frac{\partial E(v_0,h)}{\partial \theta} = -\sum_{h} \frac{\frac{1}{z} e^{-E(0_0,h)}}{\sum_{h} \frac{1}{z} e^{-E(v_0,h)}} \frac{\partial E(v_0,h)}{\partial \theta}$$

$$= -\sum_{h} \frac{p(v_0,h)}{p(v_0)} \frac{\partial E(v_0,h)}{\partial \theta} = -\sum_{h} p(h|v_0) \frac{\partial E(v_0,h)}{\partial \theta}$$

$$= \frac{\partial E(v_0,h_0)}{\partial \theta}$$

$$\frac{\partial \log \sum_{v,h} e^{-E(\sigma,h)}}{\partial \theta} = \frac{1}{\sum_{v,h} e^{-E(\theta,h)}} \sum_{v,h} \frac{\partial e^{-E(\theta,h)}}{\partial \theta}$$

$$= -\frac{1}{\sum_{v,h} e^{-E(\theta,h)}} \sum_{v,h} e^{-E(r,h)} \frac{\partial E(v,h)}{\partial \theta}$$

$$= -\sum_{v,h} \frac{e^{-E(0,h)}}{\sum_{v,h} e^{-\tilde{E}(\theta,h)}} \frac{\partial E(v,h)}{\partial \theta}$$

$$= -\sum_{v,h} p(v,h) \frac{\partial E(v,h)}{\partial \theta}$$

此处计算 $p(v,h)$ 需要考虑归一化项 $\sum_{v,h} e^{-E(v,h)}$ ，其中涉及的变量个数很大，直接计算通常比较困难。而上式实际是计算 $-\frac{\partial E(v,h)}{\partial \theta}$ 的均值，可以采用马尔科夫链蒙特卡洛（markov chain monte carlo，MCMC）方法求其近似解，即从 $p(v,h)$ 中通过吉布斯采样（Gibbs sampling）得到一个数据，在该数据上计算 $-\frac{\partial E(v,h)}{\partial \theta}$ 的均值。从初始可见的训练数据 V_0 出发，交替更新可见变量和隐含变量，当该过程趋于无穷时，此时的 (v_∞, h_∞) 可以认为是从其真实

分布中 $p(v,h)$ 产生出来的，从而可用于计算上式。

（三）反向精调

在逐层学习过程中，由于每两层均是独立训练，而没有考虑更多层次之间的相互关系，因此难免存在误差。在利用这种方法获得网络初始参数后，需要从高层再反向处理到低层，对网络权值进行精调。这种反向精调（fine-tuning）有两种处理模式：一种是非监督模式，目标是使得所获得的统计分布更加准确，称为生成式（generative）精调；另一种是监督模式，称为判别式（discriminative）精调。

1. 生成式精调

在逐层学习中，有两个误差源，一个是对比散度，交替采样次数少，与真实分布有一定差距；另一个是在上层 RBM 网络学习时，没有考虑其下面层次对上面数据的统计影响。因此，在生成式精调中，针对这两个因素，对网络连接权值进行调整，分为两个阶段。

第一阶段：在最顶层的 RBM 网络上执行多次采样，在此过程中对最顶层网络权值进行调整。

第二阶段：从顶层开始，从上到下进行调整，调整原则是使下层神经元到上层神经元的连接权值应能使上层数据得到更好的重建。

2. 判别式精调

判别式精调需要在标注数据上进行。同样可采用 BP 学习的误差反向传播思想来进行学习。但不同之处在于：由于网络对应的是随机函数，因此计算均需要基于统计分布来进行，第一层是输入值，其后每一层向外输出的都是在相应统计分布下得到的均值。以最后一层输出的均值与标注的理想输出之间的误差最小化作为学习准则，在此基础上采用随机梯度下降方法来优化每一层的参数。

五、自组织映射网

自组织映射网（self-organizing map）或称自组织特征映射网（self-organizing feature map），它是一种特殊类型的前馈网络，与前面所述多层感知器类的网络在结构和工作原理上存在本质的区别。该网络的提出受到了人脑神经系统中大脑皮层的启发。在人脑神经系统中，大脑皮层占据着重要的地位。人脑几乎完全被大脑皮层所覆盖，尽管它只有2mm厚，但其展开的二维平面的表面积可达$2400cm^2$。由于外部环境对人的所有刺激均表示在大脑皮层上，而外部环境的刺激通常是复杂信息，从信息表达的角度，可以认为是需要通过高维向量来表达的，因此大脑皮层为人们研究如何在二维空间或推广到任意的低维空间中有效地表示高维数据提供了一个参考。同时，大脑皮层上高维数据到低维数据的映射有以下特点：相似刺激通常引起相邻神经元的兴奋。自组织映射网正是利用上述原理，实现了在低维空间中有效表示高维数据的网络结构与计算方法。

自组织映射网由输入层和输出层组成，其中输入层仅起信号传递作用，输出层才是类似于大脑皮层的工作层，输出层神经元的整合函数为加权求和函数，激活函数为线性函数。输出层神经元是彼此独立的，之间没有相互连接，但存在相互位置上的临近关系的定义。由于考虑相互位置上的临近关系，输出层神经元共同构成了一种几何结构，具有相应的几何维度。输入层的维数可以是任意的，从而构成了一种几何结构，具有相应的几何维度。输入层的维数可以是任意的，而输出层的几何维度通常比输入层的维度低，常采用一维或二维形式。

自组织映射网结构上的关键部分是神经元之间的相互临近关系，以及在此基础上确定的神经元之间的相互影响。受神经生理学研究成果的启发，神经元之间的相互影响可建模为墨西哥草帽函数。根据墨西哥草帽函数，其他神经元对一个输出层神经元的影响可根据神经元之间的距离分为三个不同区域，分别是近距离的协同区、较远距离的侧抑制区和更远距离的弱协同区。在实际应用中，侧抑制区和弱协同区通常不予考虑，主要考虑近距离的协同区，根据这种考虑，当一个输出神经元处于兴奋状态时，将带动处于近距离协同区的其他输出神经元同样处于兴奋状态，这一神经元称为中心神经元。以此为基础，自组织映射网的运行机制包括竞争和协同两个环节。在竞争环节，各神经元将竞争对输入信号的响应，竞争中获胜的神经元使其协同区内的神经元一起兴奋。这里存在两个技术问题：第一，如何竞争？即如何确定获胜神经元？第二，如何协同？即如何确定获胜神经元的协同区域？对于第一个问题，通常是寻找与输入向量最相似的连接权值向量，比如可通过输入向量与连接权值向量的欧氏距离来度量二者的相似度，距离越小，相似度越大。对于第二个问题，是考虑协同区域的形状和大小，其形状可以是正方形、长方形、圆形、高斯形等。由于高斯形比其他形状更接近墨西哥草帽函数，因此实际应用中最为常见。而对于协同区域大小来说，通常采用一开始较大而在运行过程中随时间逐渐收缩到最小仅含获胜神经元的策略。

在定好自组织映射网的结构后，对于输入层神经元到输出层神经元的连接权值，可以采用自组织方式学习。其自组织过程是每输入一个向量，即对连接权值进行调整。设 $X(t)$ 为 t 时刻的输入向量，$\omega_j(t)$ 表示 t 时刻输出神经元 j 对应的连接权值，$\Lambda_i(t)$ 是 t 时刻竞争获胜的输出神经元 i 的协同神经元集合，$\eta(t)$ 为学习速率，则权重调整规则是

$$\omega_j(t+1) = \begin{cases} \omega_j(t) + \eta(t)\big(X(t) - \omega_j(t)\big), j \in \Lambda_i(t) \\ \omega_j(t), j \notin \Lambda_i(t) \end{cases}$$

上述调整规则表明：只有竞争获胜的神经元及其协同神经元的权值才会得到调整，而且调整原则是使得竞争获胜的神经元及其协同神经元的权值向量更靠近输入向量。自组织映射网在该算法运行之前处于混沌状态或混沌结构，而在自组织算法收敛之后便形成有序的高维信息到低维信息的映射关系。

第三节 竞争神经网络

竞争神经网络是一类无导师的前馈神经网络。对于给定的训练样本集中的每个样本，逐层向前计算，使得竞争层上的每个神经元对训练样本都得到响应输出，通过比较响应输出值的大小实现竞争。往往只有响应输出值最大的一个神经元成为竞争的"赢家"。只有与"赢家"相连的权值才获得更

新修改的权力，使"赢家"在下次对该输入样本进行响应时获胜的可能性更大。竞争神经网络采用竞争学习律调整与获胜者连接的权值。通过竞争学习，连接到胜者的权值向量调整到使之获胜的输入样本的某种均值向量，或者记忆的样本。如果每个神经元都这样，网络通过自组织训练，实际上就实现了训练样本集的聚类或分类。神经元的输出就只需要看成或当成类标记了。当网络训练结束后，一个未知类别样本输入网络，网络就可将其归入其所属的类别。

竞争网络多设计为含输入层和输出层的两层前馈网络。常常将竞争设计在输出层上，此时，输出层即为竞争层。在竞争层上，有时全部神经元参与竞争，有时只有部分神经元参与竞争。

竞争层中胜者神经元的输出为1，败者神经元的输出均为0。

改进唯胜者而论的方式是，允许胜者邻域内的一些神经元享有与其连接的权值，也具有一定的训练学习机会（一般会对学习因子打折扣）。

竞争神经网络在样本分类、聚类或数据分析等方面得到了较广泛的应用。

一、基本的竞争神经网络

基本的竞争神经网络由输入层和竞争层组成两层前馈网络。竞争层上全部神经元参与竞争，神经元之间没有相互抑制。

设当前的输入样本为 X，竞争层上第 j 个神经元无阈值，连接到神经元 j 的权向量为 W_j。所有神经元的输出值按竞争机制决定，最大者输出为1，其他输出为0。也即只有输入样本 X 与连接到神经元的权值向量之间的距离（或距离平方）达到最小者，才能为竞争获胜者，其输出值为1，其余神经元的输出都为0。显然，距离平方 $\|X-W_j\|^2$ 越小，意味着 $-\|X-W_j\|$ 越大，X 与 W_j 越接近相等。

$$y_j = \begin{cases} 1, -\|X-W_j\| > -\|X-W_k\| (k \neq j; k=1,2,\cdots,n) \\ 0, \text{其他} \end{cases}$$

因 $-\|X-W_j\| > -\|X-W_k\|$ 等价于 $\|X-W_j\| < \|X-W_k\|$。

也等价于 $\|X-W_j\|^2 < \|X-W\|^2$，所以可直接用 $\sum_{i=1}^{R}(x_i-w_{ji})^2 < \sum_{i=1}^{R}(x_i-w_{ki})^2$ 代替之。

设竞争层上获胜的神经元有获得权值更新的权力，更新公式为

$$w_{ji}(k+1) = w_{ji}(k) + \eta(x_i - w_{ji}(k))$$

式中，η 为学习因子；$i=1,2,\cdots,R; j=1,2,\cdots,n$。$R$ 为输入样本维长，n 为竞争神经元个数。当经过多次迭代计算 W_j 不需要更新时 $W_j \approx X$，即 W_j 记住了 X。

Matlab 中创建一般竞争神经网络的函数是 newc（ ）。例如：

Net=newc[minmax（P），8，0.05]

表示使用样本矩阵 P 建立了一个竞争层含 8 个神经元的一般竞争网络，学习因子为 0.05（默认为 0.01）。语句：

net-train（net，P）；% 训练网络

Y =sim（net，B）

T =vec2ind（Y）

后两句的作用是：先仿真运行得到结果 Y，然后将输出结果 Y 转换为带类标记的方式输出，从而可看到数据聚类分析的结果。

二、汉明竞争神经网络

汉明竞争神经网络（直接称为 Hamming 网络）是一种由前馈子网和反馈子网两层合在一起构成的网络结构。前馈子网又称为匹配子网、匹配网或匹配层。为叙述方便起见，以下主要称为匹配层。反馈子网又称为最大网、最大子网、竞争子网、竞争网或竞争层。为叙述方便起见，以下主要称为竞争层。竞争层中神经元的个数与匹配层中神经元的个数相等。

匹配层中第 j 个神经元与竞争层中第 j 个神经元直接用权值 1 相连。竞

争层中的第 j 个神经元的输出为 1 时表明其竞争获胜，没有获胜的神经元其输出最后均为 0。

在竞争层中，每个神经元的输出直接反馈输入到自身（或说用权值 1 加权作用后作为自己的延迟输入），同时又以一个负的权值加权后作为同层上其他神经元的输入（生物学上解释为侧抑制）。

汉明竞争神经网络对二值样本数据的分类或记忆尤为有效，当然也可用于其他样本的处理。

每个分量只取值 −1 或 1 的样本称为二值样本。匹配层通过学习训练将多个样本向量以特定方式分布记忆存储在连接神经元的权值向量中。当要对当前的输入样本加以归类时，匹配层计算其与各自记忆的样本之间的汉明相似匹配程度，并将其作为初值送入竞争层，由竞争层用特定的函数迭代计算，以最终决定竞争层中每个神经元的输出值。竞争层上所有神经元的输出所构成的向量是 0、1 向量，可看成类别的编码。输入样本使竞争层中某个神经元获胜（输出为 1），其他神经元均竞争失败（输出为 0），实际上就是对该输入样本进行了归类。而在匹配层上，对应于与获胜神经元以权值为 1 加以连接的那个神经元，从输入其连接的连接权值向量一定与输入样本按汉明相似度计算是最相似的。

所以汉明竞争神经网络的工作原理是，先用待记忆或分类的样本建立网络，然后将训练样本加以训练学习，有可能要修正匹配层中的权值。再待识别或分类的输入样本送入网络进行计算，根据竞争层哪个样本获胜，就可决定其所属的类别，同时回忆出其最接近于哪个记忆样本（记忆的可能是某些相似样本的均值向量）。

三、自组织特征映射神经网络

自组织特征映射（Self-Organizing Feature Map，SOFM）神经网络简称为 Kohonen 网络、SOFM 或 SOM 网，是芬兰赫尔辛基大学于 20 世纪 80 年代提出的一种竞争型神经网络。一个神经网络在接收外界输入样本时，将由不同的神经元自动地加以分区响应。输入样本相近，响应神经元也相近，神经元会自动有序排列。神经元的这种响应特性不是天生的，而是自组织学习形成的。自适应特征映射神经网络正是采用大脑具备自组织的这种特性建立的一种非监督的竞争神经网络。初始时，神经元的响应是随机的，但自组织学习后，竞争层上的神经元，功能相近的靠近，功能不同的远离，使神经元形成一种结构性分布。利用这种结构性分布，可实现数据的聚类或分析。将聚类中心代表神经元映射到一个平面或曲面上，可形成具有一定拓扑结构的排列。

SOFM中神经元的竞争实现了"近兴奋远抑制"的大脑功能模拟，具有把高维样本映射到低维特征空间且拓扑保形的能力。

（一）SOFM神经网络的拓扑结构

SOFM神经网络含输入和输出两层。输出层实际上也就是竞争层。输入层用于样本输入，输入层节点的个数与样本维长相同。竞争层实现输入竞争响应或分类。由输入节点到输出层的神经元为全连接。基本SOFM神经网络是竞争层上各神经元之间没有侧抑制连接的网络。在基本的SOFM神经网络的竞争层中，神经元有多种排列形式，如一维线阵、二维平面阵和三维栅格立方体。常见的是一维线阵和二维平面阵排列。二维平面阵组织是SOFM神经网络中最常见的一种排列方式。

在时刻 t，设竞争获胜的神经元是神经元 c，c 周围邻域 $N_c(t)$ 内的神经元也被认为获得一定的小胜。与 c 的连接权值获得绝对的调整权力，而 $N_c(t)$ 内的神经元的连接权值只获得部分或少量的调整权力，在 $N_c(t)$ 以外的神经元的连接权值没有调整的权力。邻域 $N_c(t)$ 的形状各异，但一般是均匀对称的，如正方形或六角形等。邻域 $N_c(t)$ 随 t 的增加而不断缩小，直到最后只含获胜神经元。

（二）权值调整

SOFM网采用的学习算法称为Kohonen算法，与胜者为王的学习算法不同。胜者为王的学习算法是只有连接获胜神经元的权值才可以调整学习，连接其他神经元的权值不能调整学习。而在SOFM神经网络中，除与获胜神经元连接的权值可调整学习外，与胜者周围邻域 $N_c(t)$ 内的邻近神经元的连接权值享有不同程度地调整学习机会，调整幅度按空间呈不同的形式分布。获胜神经元具有最大的权值调整量，邻近的神经元有稍小的调整量，离获胜神经元距离越大，权值的调整量越小，超出 $N_c(t)$ 的神经元的权值不能调整学习。

也就是说，以获胜神经元为中心设定一个邻域，该邻域称为优胜邻域。在 SOFM 网学习网络算法中，优胜邻域内所有神经元均按其离开获胜神经元的距离远近调整权值。优胜邻域开始定得大一些，但其随着训练次数的增加不断收缩。自组织特征映射网络的激励函数为二值型函数。在竞争层中，每个神经元都有自己的邻域。在邻域较大的情况下，可将邻域中的神经元分层为邻层1、邻层2、邻层3……最内的邻层仅含获胜神经元。

（三）自组织特征映射神经网络的运行原理

SOFM 神经网络的运行分训练和工作两个阶段。在训练阶段，对网络随机输入训练集中的样本，对某个特定的输入模式，输出层会有某个神经元产生最大响应而获胜。训练开始阶段，输出层哪个位置的神经元将对哪类输入模式产生最大响应是不确定的。当输入模式的类别改变时，二维平面的获胜神经元也会改变。获胜神经元周围的神经元因侧向相互兴奋作用产生较大响应，于是获胜神经元以及其优胜邻域内的所有神经元所连接的权向量均向输入向量的方向做不同程度的调整，调整力度依邻域内各神经元距获胜神经元的远近而逐渐衰减。网络通过自组织方式，用大量训练样本调整网络的权值，使输出层各神经元成为特定模式类敏感的神经细胞，对应类型的权向量成为各输入模式类的中心向量。并且当两个模式类的特征接近时，代表这两类的神经元在位置上也接近，从而在输出层形成能够反映样本模式类分布情况的有序特征图。

SOFM 网训练结束后，输出层各神经元与各输入模式类的特定关系就完全确定了，因此可用作模式分类器。当输入一个模式时，网络输出层代表该模式类的特定神经元将产生最大响应，从而将输入自动归类。应当指出的是，当向网络输入的模式不属于网络训练时用过的任何模式类时，SOFM 网只能将它归入最接近的模式类。

第四节 反馈型神经网络

一、霍普菲尔德网络

（一）网络结构

霍普菲尔德网络是全连接网络，其中任意两个神经元之间均有连接，即每个神经元接收从其他任意一个神经元输出的信号，同时也将其输出反馈至任意神经元，此外，每个神经元还可有一个外部输入信号。外部输入信号对于反馈网络来说是可选的、非必需的，霍普菲尔德网络也可以在没有任何输入信号的情况下开展工作。

每个神经元的整合函数通常采用加权求和型函数，激活函数可采用阈值型或 S 型函数等。对于模拟霍普菲尔德网络来说，函数形式以及边的权值均以电路形式表达。

（二）网络工作原理与稳定性问题

霍普菲尔德网络利用网络状态的变化达到所需要的计算目标，这种变化过程存在两种不同的模式。一种是让网络中的多个神经元甚至所有神经元同时变化其输出值，这种模式称为并行（synchronous）工作模式；另一种是每次只有一个神经元更新其输出值，这种模式称为串行（asynchronous）工作模式。

不论是并行模式还是串行模式，网络状态均存在随时间不断变化的现象，如果这种变化不能停止，即网络状态不能稳定在某个不变的状态上，则这样的霍普菲尔德网络是没有意义的，不能获得所需要的计算结果。因此，为了使霍普菲尔德网络能够按上述工作过程实现计算目标，需要考虑网络状态在经过一定时间的变化后能否稳定在某个不变的状态上的问题，即网络稳定性问题。

具有稳定状态,并且能够从任意初始状态收敛至稳定状态,是应用霍普菲尔德网络解决问题的基础。

(三)能量函数与网络稳定性分析

根据上述工作原理,如何分析霍普菲尔德网络的稳定性,以及如何进行网络设计以保证其稳定性,是霍普菲尔德网络中的关键问题,这一问题通过引入李雅普诺夫能量函数(Lyapunov energy function)来得到解决。

李雅普诺夫能量函数源于李雅普诺夫定理(Lyapunov theory),该定理说明:对于一个非线性动力系统,如果能找到一个以系统状态为自变量的连续可微的能量函数,该函数值能随着时间的推移不断减小,直至达到平衡状态,则系统是稳定的。相应能量函数称为利亚普诺夫能量函数。这样,对于霍普菲尔德网络的设计与应用来说,主要是确定合适的能量函数问题。

设 ω_{ij} 表示霍普菲尔德网络中第 i 个神经元与第 j 个神经元的连接权值,I_i 表示霍普菲尔德网络中第 i 个神经元的输入信号,$s_i(t)$ 表示 t 时刻时霍普菲尔德网络中第 i 个神经元的输出值,$\xi_i(t)$ 表示 t 时刻时第 i 个神经元对所有输入(包括输入信号和循环信号)的整合结果。

如果霍普菲尔德网络的权值矩阵是对称矩阵并且对角元素为零,即

$$\omega_{ij} = \begin{cases} \omega_{ji}, i \neq j \\ 0, i = j \end{cases}$$

则不论采用阈值型激活函数还是 S 型激活函数,霍普菲尔德网络都是稳定的,下面分析其原因。

(1)对于阈值型激活函数,有:

$$s_i(t+1) = \begin{cases} 1, & \xi_i(t+1) \geqslant \theta_i \\ -1 \text{ or } 0, & \xi_i(t+1) < \theta_i \end{cases}$$

$$\xi_i(t+1) = \sum_{j=0}^{n} \omega_{ij} s_j(t) + I_i$$

按此激活函数构造的网络具有离散、随机变化特性,因此也称为离散

霍普菲尔德网络，相应能量函数被设计为

$$E = -\frac{1}{2}\sum_{i=0}^{n}\sum_{j=0}^{n}\omega_{ij}s_is_j - \sum_{i=1}^{n}I_is_i + \sum_{i=1}^{n}\theta_is_i$$

当没有外部输入信号时，该能量函数简化为

$$E = -\frac{1}{2}\sum_{i=0}^{n}\sum_{j=0}^{n}\omega_{ij}s_is_j = -\frac{1}{2}S^T\omega S$$

在权值满足 $\omega_{ij} = \begin{cases}\omega_{ji}, i \neq j \\ 0, i = j\end{cases}$ 的条件下，E 值随第 i 个节点状态变化而变化的公式为

$$\Delta E = -\left(\sum_{j\neq i}\omega_{ij}s_j + I_i - \theta_i\right)\Delta s_i$$

再根据能量函数，$\sum_{j\neq i}\omega_{ij}s_j + I_i - \theta_i$ 与 Δs_i 符号应相同，同为正或同为负，因此 ΔE 将始终为负，同时 E 是有界的，这样能量函数值将随着网络状态的变化不断减小并最终达到最小值，满足李雅普诺夫定理的收敛条件，因此相应的霍普菲尔德网络是稳定的，从任意给定的初始状态出发，都能收敛至某一稳定状态。

（2）激活函数所构造的网络称为连续霍普菲尔德网络或模拟霍普菲尔德网络，其能量函数被设计为

$$E = -\frac{1}{2}\sum_{i=0}^{n}\sum_{j=0}^{n}\omega_{ij}s_is_j + \sum_{i=1}^{n}\frac{1}{R_i}\int_0^{r_i}g_i^{-1}(s)\mathrm{d}s + \sum_{i=1}^{n}\theta_is_i$$

$1/R_i = 1/\rho_i + \sum_{j=1}^{n}\omega_{ij}$（$\rho_i$ 为第 i 个放大器的输入电阻）

在网络权值满足 $\omega_{ij} = \begin{cases}\omega_{ji}, i \neq j \\ 0, i = j\end{cases}$ 的前提下，该能量函数关于时间的导数为

$$dE/dt = -\sum_i (ds_i/dt)\left(\sum_j \omega_{ij}s_j - \xi_i/R_i + I_i\right)$$

$$= -\sum_i (ds_i/dt)C_i\left(dg_i^{-1}(s_i)/dt\right)$$

$$= -\sum_i C_i g_i^{-1}(s_i)(ds_i/dt)^2$$

式中：每一项均非负，于是有 $dE/dt \leq 0$。若 $dE/dt = 0$，则所有的 $ds_i/dt = 0$。E 是有界的。综合上述因素可知：网络能量函数将随时间下降至极小值，因此网络是稳定的。

式 $\omega_{ij} = \begin{cases} \omega_{ji}, i \neq j \\ 0, i = j \end{cases}$ 给出了霍普菲尔德网络稳定的充分条件，为设计和分析霍普菲尔德网络提供了依据。但需要指出的是：这一条件只是系统稳定的充分条件，而不是必要条件，满足 $\omega_{ij} = \begin{cases} \omega_{ji}, i \neq j \\ 0, i = j \end{cases}$ 的霍普菲尔德网络一定是稳定的，但不满足这一条件的霍普菲尔德网络不一定是不稳定的，可能存在很多稳定而并不满足这一条件的霍普菲尔德网络。

（四）联想记忆

霍普菲尔德网络能从初始状态运行到稳定状态，因此可以应用霍普菲尔德网络实现联想记忆（associative memory），也称为内容可寻址存储器（content addressable memory，CAM）。这种联想记忆能力具有容错特性，在输入模式存在变化、残缺或有噪声的情况下，仍能恢复出原来存储的稳定状态。数字网络和模拟网络均可实现联想记忆。

在用于联想记忆的霍普菲尔德网络中，输入样本是需要记忆的内容。这些有待记忆的数据为二值向量，向量中每个分量在两个状态间取值，对应于网络中的一个神经元（对于模拟网络来说，需要离散化获得二值输出）。首先用外积法（out-product）确定网络连接权值，使得各输入样本成为网络的稳定状态。

设需要记忆的数据集合为 $\{X_k\}_{k=1}^{K}$，其中每个数据向量的维数为 n，$X_k = \{x_{ik}\}_{i=1}^{n}$，则记忆这些数据的霍普菲尔德网络由 n 个神经元组成，神经元之间的权值用外积法确定为

$$\omega_{ij} = \begin{cases} \sum_{k=1}^{K} x_{ik} x_{jk}, i \neq j \\ 0, i = j \end{cases}, i = 1, 2, \cdots, n, j = 1, 2, \cdots, n$$

设 I 为 $n \times n$ 的单位矩阵，则上式可表示为

$$\omega = \sum_{k=1}^{K} X_k X_k^T - KI$$

显然，通过外积法确定的连接权值矩阵是对称的，且对角元素为零，满足 $\omega_{ij} = \begin{cases} \omega_{ji}, i \neq j \\ 0, i = j \end{cases}$ 所定义的霍普菲尔德网络稳定性条件。

权值确定以后，从任意初始状态开始，网络按照霍普菲尔德网络算法开始运行，逐渐收敛至与该初始状态对应的稳定状态，即得到所记忆的数据，从而表现出联想记忆能力。事实上，每个被记忆的数据对应于能量函数的一个局部极小值。能量函数有多少个局部极小值，就能存储多少内容，这称为网络容量问题。下面通过一个例子进一步解释如何通过霍普菲尔德网络实现联想记忆。

二、玻尔兹曼机

霍普菲尔德网络在工作时，每次改变状态并计算能量函数值，当能量函数值减小时接受改变，否则不接受其改变。这是一种贪婪策略，当能量函数形状非凸时，可能获得能量函数的局部极小值，对应的稳定状态则是问题的局部最优解，而不是全局最优解。这种特性对于联想记忆是有利的，但对于优化计算来说不理想。为了解决这一问题，人们将模拟退火优化算法与霍普菲尔德网络相结合，构造了玻尔兹曼机。

（一）玻尔兹曼—吉布斯分布

为了实现全局最优，需要改变确定性的计算方法，改用随机策略，便于从局部最小值中跳出。图 5-1 显示了通过随机策略跳出局部最小值的基本思想。该图展示了一条目标函数（能量函数）曲线，图中存在两个局部最小值，右边的一个为全局最小值。如果采用确定性策略（比如霍普菲尔德网络中采用的贪婪策略），当计算进行到左边的局部最小值时，计算将停止在这里不再变化。为了解决这样的问题，需要引入随机机制，对于相对较差的结果，不是绝对的拒绝，而是以一定的概率确定是拒绝还是接受，这样计算就可能从局部极小点爬出来，逐步趋向全局最优解，如图 5-1 中曲线上的虚线小球所示。

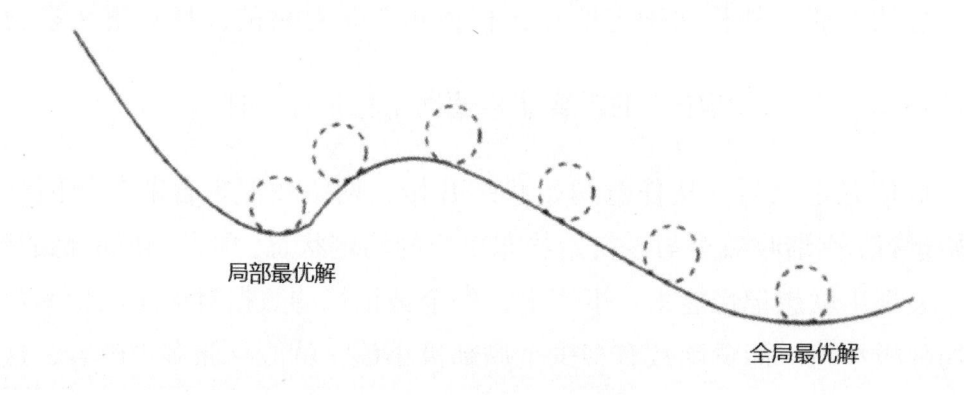

图 5-1 随机优化策略示意图

在上述思路中，关键是如何确定随机选择接受较差结果的概率。玻尔兹曼—吉布斯(Boltzmann-Gibbs)分布为确定该概率提供了一种较好的选择，其形式为

$$P(x) = \frac{1}{z} e^{-\frac{E(x)}{T}}$$

$$T = k_B T_a$$

$$z = \sum_x e^{-\frac{E(x)}{T}}$$

式中：x 为问题的解（状态）；$E(x)$ 为能量函数（目标函数）；T 为温度；k_B 为玻尔兹曼常数；T_a 为绝对温度；Z 为所有状态对应的能量函数之和，称为划分函数（partition function）。

（二）模拟退火算法

模拟退火算法（simulated annealing）是以玻尔兹曼—吉布斯分布为核心的一种优化算法，其源于对金属退火过程的模拟。在金属退火过程中，首先金属被加热至接近熔点，然后慢慢降温至室温。通过高温加热，金属晶体结构中的错位现象得到消除，同时在逐渐降温过程中又能阻止新的错位现象的产生，从而得到更理想的晶体结构。这一过程的实质是金属的能量函数能在这一过程中渐渐达到全局最小值。当然在这一过程中，温度下降的速度应该合适，下降太快会形成非理想的金属结构，下降太慢则可能始终达不到目标。在温度设定合适的前提下，无论初始条件如何，过程中间细节如何，最后都能达到几乎完全相同的能量状态，即退火能保证得到全局最优解。

根据金属退火过程，模拟退火算法设计如算法如下所示：

$$s_i(t+1) = \begin{cases} 1, & \xi_i(t+1) \geqslant \theta_i \\ -1 \text{ or } 0, & \xi_i(t+1) < \theta_i \end{cases}$$

设定温度初值，从该初值开始，在每一个温度值下，不断对问题的解进行扰动，按照玻尔兹曼—吉布斯分布确定是否接受解的变化，这一过程持续足够多的次数后，对温度做下降处理，再重复上述过程，如此不断进行，直到温度到达所设定的最小值（比如0）。

如果初始温度足够高且温度的下降满足

$$T(k) \geqslant \frac{T(0)}{\log(1+k)}$$

式中：$T(k)$ 为第 k 次时的温度。

模拟退火算法能保证收敛到全局最小状态，这种渐进收敛性是模拟退火算法的优势，但也因此使得其计算效率较低。

三、Jordan 网络与 Elman 网络

Jordan 网络与 Elman 网络是早期经典的时序型反馈网络，二者正是从处理时序数据的需求出发，获得了相应的结构。它们均在传统的三层感知器上，通过增加神经元形成回路来得到。

在反馈结构基本形式上，计算神经元的构造方式通常与三层感知器类似，采用加权求和型整合函数，采用 S 型激活函数，或阈值型激活函数，或线性激活函数等。

从时序数据处理的角度来看，这些网络可用于根据输入序列获得输出序列，因此可以看作一种关于时序数据的函数。能达到这一效果的关键在于上下文节点的作用，它存储了输出层单元或隐含层单元前一次的计算结果（网络内部状态），再将其处理后回传隐含层单元，与新的输入结合后再产生新的输出，时序的效应体现在了这些内部状态上。

（一）学习方法

对于上述 Jordan 网络与 Elman 网络，可按时序将其展开成非反馈结构，从而形成一个有很多层次的深度结构，每个层次对应于一个时间点。这样可以采用 BP 学习的思想对其进行学习，在每个层次（时间点）上计算输出误差，并向后传播该误差，在传播过程中调整网络权值以减小误差，用于调整权值的优化方法仍可采用梯度下降法。这样的学习算法称为随时间反向传播（back-propagation through time，BPTT）算法。

在进行 BP 学习时，对于每个时间点上输出的误差，首先向下反传至当前时刻的状态，然后向左反传至前一时刻的状态，直到第一时刻的状态。在这个反传过程中来修改相应权值。

这里，主要的问题还是推导误差反向传播的梯度计算公式。需要注意的是这里以展开的形态表达学习过程，但实际需要学习的内容（边权值）对于同一条边来说只有一个，不断在不同时间点上根据误差对其进行调整，要按照这一认识来推导误差梯度。

（二）异或运算

下面通过异或运算，说明上述反馈网络如何工作。由于时序型反馈

网络是基于时序数据来展开的，因此在应用时序型网络时，输入和输出均应按时序数据考虑。在异或运算下，对于两位输入00、11、01、10来说，输出结果应是0、0、1、1。我们可以根据这种运算规则来构造输入序列，该序列中每两位为异或运算的输入，第三位为异或运算的结果，如101000011110101……。进而将这样的输入序列向左移位一位后得到输出序列，比如对应于前面的输入序列，输出序列为01000011110101……。

我们可以利用循环网络来建立这样的输入序列与输出序列之间的关系，每输入一位，便在输出端预测相应的输出，这样每输入两位，在输出端预测的结果便等于异或运算的正确结果。

为解决这一序列数据映射问题，我们构造一个Elman网络，其中输入单元个数为1、隐含层单元个数为2、输出单元个数为1，上下文单元个数为2。每次输入1位数据，在输出端产生1位输出。两个隐含层单元用于接受输入信号和上下文单元传来的信号，两个上下文单元接受隐含层单元的输出。隐含层神经元到上下文神经元的权值固定为1，其他权值通过学习得到。

在此网络结构基础上，采用上述BPTT算法来学习网络权值：在每个时间点，计算相应的输出误差，并做误差反向传播，来修改神经网络的连接权值。经过足够多次的迭代后，该网络便具备了异或运算能力。每输入两个信号，在输出端获得正确的计算结果。

第六章 遗传算法

第一节 遗传算法理论

一、遗传的特点

标准遗传算法的特点如下：

（1）遗传算法必须通过适当的方法对问题的可行解进行编码。解空间中的可行解是个体的表现型，在遗传算法的搜索空间中对应的编码形式是个体的基因型。

（2）遗传算法基于个体的适应度来进行概率选择操作。

（3）在遗传算法中，个体的重组使用交叉算子。交叉算子是遗传算法所强调的关键技术，它是遗传算法中产生新个体的主要方法，也是遗传算法区别于其他进化算法的一个主要特点。

（4）在遗传算法中，变异操作使用随机变异技术。

（5）遗传算法擅长对离散空间的搜索，它较多地应用于组合优化问题。

遗传算法除了上述基本形式外，还有各种各样的其他变形，如融入退火机制、结合已有的局部寻优技巧、并行进化机制、协同进化机制等。典型的算法有退火型遗传算法、Forking遗传算法、自适应遗传算法、抽样型遗传算法、协作型遗传算法、混合遗传算法、实数编码遗传算法、动态参数编码遗传算法等。

二、示例

遗传算法首先实现从性状到基因的映射，即编码工作，然后从代表问题可能潜在解集的一个种群开始进化求解。初代种群（编码集合）产生后，按照优胜劣汰的原则，根据个体适应度大小挑选（选择）个体进行复制、交叉、变异，产生出代表新的解集群体，再对其进行挑选以及一系列遗传操作，如此往复，逐代演化产生出越来越好的近似解。

选择：通过适应度的计算，淘汰不合理的个体。类似于自然界的物竞天择。

复制：编码的拷贝，类似于细胞分裂中染色体的复制。

交叉：编码的交叉重组，类似于染色体的交叉重组。

变异：编码按小概率扰动产生的变化，类似于基因突变。

这个过程将导致种群像自然进化一样，后代种群比前代更加适应环境，末代种群中的最优个体经过解码（从基因到性状的映射）可以作为问题近似最优解。

三、遗传算法的优点

经典的优化方法包括共轭梯度法、拟牛顿法、单纯形方法等。

经典优化算法的特点：算法往往是基于梯度的，靠梯度方向来提高个体性能；渐进收敛；单点搜索；局部最优。

遗传算法具有如下优点：

（1）遗传算法直接以目标函数值作为搜索信息。传统的优化算法往往不只需要目标函数值，还需要目标函数的导数等其他信息，这样对于许多目标函数无法求导或很难求导的函数，遗传算法就比较方便。

（2）遗传算法同时进行解空间的多点搜索。传统的优化算法往往从解空间的一个初始点开始搜索，这样容易陷入局部极值点。遗传算法进行群体搜索，并且在搜索的过程中引入遗传运算，使群体可以不断进化，这些是遗传算法所特有的一种隐含并行性，因此，遗传算法更适合大规模复杂问题的优化。

（3）遗传算法使用概率搜索技术。遗传算法属于一种自适应概率搜索技术，其选择、交叉、变异等运算都是以一种概率的方式进行的，从而增加了其搜索过程的灵活性。实践和理论都已证明，在一定条件下遗传算法总是以概率 1 收敛于问题的最优解。遗传算法在解空间进行高效启发式搜索，而非盲目地穷举或完全随机搜索。

四、遗传算法的五个关键问题

通常情况下，用遗传算法求解问题需要解决以下五个问题：一是对问题的潜在解进行基因的表示，即编码问题。二是构建一组潜在的解决方案，即种群初始化问题。三是根据潜在解的适应性来评价解的好坏，即个体评价问题。四是改变后代基因组成的遗传算子（选择、交叉、变异等），即遗传算子问题。五是设置遗传算法使用的参数值（种群大小、应用遗传算子的概率等），即参数选择问题。

第二节 遗传编码和种群初始化

一、遗传编码

遗传算法通过遗传操作对群体中具有某种结构形式的个体进行处理，从而生成新的群体，逐渐逼近最优解。它不能直接处理问题空间的决策变量，必须转换成由基因按一定结构组成的染色体，该转换称为编码，编码过程是问题空间向编码空间的映射过程。编码方法除了决定了个体的染色体排列形式之外，还决定了个体的解码方法，同时也影响交叉算子、变异算子等遗传算子的运算方法。

定义 1：由问题空间向 GA 编码空间的映射称为编码，而由编码空间向问题空间的映射称为译码。

如何将问题的可能解用染色体来表示是遗传算法的关键。在 Holland 的工作中，采用的是二进制编码，然而二进制编码非自然编码，其缺点是二进制编码存在悬崖问题，即表现型空间中距离很小的个体在基因型空间的 Hamming 距离可能很大，为了翻越这个悬崖，个体的所有位都需要改变，而实际算子交叉和变异翻越悬崖的可能却较小。

在过去几十年中，人们针对特定问题，提出了各种各样的非字符编码技术，比如适合函数优化的实数编码和适合组合优化的整数编码。选择合适的编码方法是遗传算法应用的基础，遗传算子和编码方式休戚相关。

（一）编码的分类

（1）根据编码采用的符号，编码可以分为二进制编码、实数编码和整数排列编码等。

（2）根据编码采用的结构，编码可以分为一维编码和多维编码。

（3）根据编码采用的长度，编码可以分为固定长度的编码和可变长度的编码。

（4）根据编码的内容，编码可以分为仅对解进行编码的方法和对解+参数进行编码的方法。

（二）码空间与解空间

遗传算法的一个特点就是个体存在码空间和解空间：遗传操作在码空间，评价和选择在解空间，通过自然选择将染色体和解连接起来。

（三）非字符编码的三个问题

（1）染色体的可行性是指对染色体经过解码之后，是否存在给定问题的可行域。

（2）染色体的合法性，编码空间中的染色体必须对应问题空间中的某一潜在解，即每个编码必须有意义。

（3）映射的唯一性，染色体和潜在解必须一一对应。

（四）不可行解产生的原因及求解方法

在实际问题中，约束是普遍的，可分为等式约束和不等式约束，一般最优解往往处于可行域与非可行域的交界处。罚函数是经典的处理方法，它的作用在于强制可行解从可行解域和非可行解域到达最优解。

求解约束优化问题的常规解法可分为两种：一种是把有约束问题转化为无约束问题，再用无约束问题的方法求解；另一种是改进无约束问题的求解方法，使之能用于有约束问题的情况。第一种方法的历史很悠久，主要是罚函数法。罚函数法在实践中的应用比较广泛，其要点是把问题的约束函数以某种形式归并到目标函数上去，从而使整个问题变为无约束优化问题。第二种方法发展得较晚，是20世纪60年代出现的著名的梯度投影法，这类算法可以看成无约束问题中最速下降法在含约束问题上的推广,其基本思想是把负梯度方向投影到可行方向集的一个子集上,取投影为可行下降方向。

目前,对于约束优化问题的求解已有很多经典算法,如梯度投影法、梯度下降法、乘子法、外罚函数法、内罚函数法(也称障碍函数法)等。但这些算法往往依赖于目标函数和约束条件的某些解析性质,如要求目标函数和约束条件是可微的,而且此类算法一般也只能保证搜索到局部最优解,适用范围非常有限。进化算法的出现为复杂优化问题的求解提供了一条新的途径,然而进化算法处理的对象是无约束优化问题,因而将进化算法应用于约束优化问题的关键是对约束条件的处理,借鉴常规方法中的罚函数法是一种较为方便的选择。由于罚函数法在使用中不需要约束和目标函数的解析性质,因此经常被应用于约束优化问题。

罚函数法是在目标函数中加上一个惩罚项 $P(g, h)$,它满足:当约束满足时,$P(g, h) = 0$。否则 $P(g, h) < 0$,其作用在于反映该点是否位于可行域内。经典的罚函数法可分为内罚函数法和外罚函数法两类:外罚函数法就是以不可行解为搜索起始点,逐渐向可行域移动;内罚函数法则要求当解远离可行域的边界时,惩罚项较小,而当解逼近可行域的边界时,惩罚项趋于无穷大。

因此,如给定一初始点在可行域内部,则利用内罚函数法所产生的点列都是内点。从几何上看,内罚函数法在可行域的边界上形成一堵无穷高的"障碍墙",所以内罚函数法也称障碍函数法。目前,用进化算法求解约束优化问题时应用较多的是外罚函数法,其优点是不一定要求初始群体都是可行的。这是因为在许多实际应用问题中,寻找可行点本身就是 NP 难问题。对于如下约束优化问题:

$\max f(\mathbf{x})$

$s.t.\ g_i(x) \leqslant 0, i = 1, 2, \cdots, m_1$

$h_i(x) = 0, i = m_1 + 1, \cdots, m_1 + m_2$

$x \in X$

通常，外罚函数法的一般表达式为

$$\varphi(x) = f(x) \pm \left[\sum_{i=1}^{p} r_i \times G_i + \sum_{j=1}^{q} c_j \times L_j \right]$$

式中，G_i 和 L_j 为约束条件的函数，非负参数 r_i、c_j 称为惩罚因子。最常见的 G_i 和 L_j 常取如下形式：$G_i = \max|0, g_i(x)|^\beta, L_j = |h_j(x)|^\gamma$。这里 β、γ 常取 2，可得出以下结论：

依赖不可行解到可行域距离的罚函数性能要优于仅依靠违反约束的数目的罚函数性能；当所给问题的可行解和约束较少时，如果仅以违反约束的数目来构造罚函数，很难使得不可行解转变为可行解。

构造一个有效罚函数应考虑两个方面：一方面，将一个不可行解变为可行解的最大代价（maximum cost）和期望代价（expected cost），这里的代价为不可行解到可行域的距离；另一方面，惩罚项应该接近期望代价，越接近，可行解就越容易被找到。

罚函数法是遗传算法用于约束优化问题最常用的方法。从本质上讲，这种方法通过对不可行解的惩罚来将约束问题转换为无约束问题。任何对约束的违反都要在目标函数中添加惩罚项。罚函数法的基本思想从传统优化中借鉴而来。

传统优化中，罚函数法用于产生一系列不可行解，其极限就是原始问题的最优解。考虑的焦点集中在如何选择合适的罚值，从而加速收敛并且防止早熟终止。遗传算法中，罚函数法用于在每一代中维持一定数量的不可行解，从而使遗传搜索从可行区域和不可行区域两个方向搜索最优解。通常并不拒绝每代中的非可行解，原因在于其中一些个体可能提供关于最优解的更有用的信息。

罚函数法的主要问题就是如何设计罚函数，使得它能够有效地将遗传搜索引导到解空间中有希望的区域中去。不可行染色体和搜索空间的可行部分之间的关系在惩罚不可行染色体时起着重要作用。惩罚值根据某种度量反映了不可行的程度。关于设计罚函数（penalty function）没有一般的指导性原则，构造一个有效的罚函数依赖于给定的问题。

二、种群初始化

（一）种群规模

从群体多样性方面考虑，规模越大越好，避免陷入局部最优。

从计算效率考虑，群体规模应小。一方面，群体规模越大，其适应度评估次数越多，计算量越大；群体中个体生存概率，即选择概率大多采用和适应度成比例的方法，当群体中个体非常多时，少量适应度很高的个体被选择而生存下来，大多数个体则被淘汰。导致交叉在两个相邻的个体之间进行，性能提高较少。另一方面，群体规模太小，会使遗传算法的搜索空间分布范围有限，搜索有可能停止在未成熟阶段，以致引起未成熟收敛（premature convergence）现象。显然，要避免未成熟收敛现象，必须保持群体的多样性，即群体规模不能太小。应该针对不同的实际问题，确定不同的种群规模。

（二）产生初始种群的方法

产生初始种群的方法通常有两种。一种是完全随机的方法，它适合于对问题的解无任何先验知识的情况；另一种是根据某些先验知识将其转变为必须满足的一组要求，然后在满足要求的解中再随机地选取样本。

采用随机法产生初始种群时，若产生的随机数大于0，则将种群中相应染色体的相应基因置1，否则置0。

根据先验知识产生初始种群时，对于给定的含有n个变量的个体，若第j个变量的取值范围是$(a[j], b[j])$，则可以根据在（0，1）间产生的随机正数r按照公式$a[j]+r^*(b[j]-a[j])$来计算个体第j位变量的取值。

第三节 交叉和变异

一、交叉算子

遗传算法主要通过遗传操作对群体中具有某种结构形式的个体进行结

构重组处理，从而不断地搜索出群体中个体间结构的相似性，形成并优化积木块以逐渐逼近最优解。主要的遗传算子有交叉算子和变异算子。

定义1（交叉算子）：所谓交叉，是指把两个父代个体的部分结构加以替换生成新个体的操作，这可以提高搜索能力。在交叉运算之前还必须对群体中的个体进行配对。目前常用的配对策略是随机配对，即将群体中的个体以随机方式两两配对，交叉操作是在配对个体之间进行的。

交叉算子主要有1-断点交叉（不易破坏好的模型）、双断点交叉、多断点交叉（又称广义交叉，一般不使用，随着交叉点的增多，个体结构被破坏的可能性逐渐增大，影响算法的性能）、算术交叉、模拟二进制交叉、单峰正态交叉等。目前各种交叉操作形式上的区别是交叉位置的选取方式。下面简单介绍几种交叉方法。

（一）1-断点交叉

实数编码的1-断点交叉运算如下所示：

第k个交叉点
↓

父代 $x = [x_1, x_2, \cdots, x_k, x_{k+1}, x_{k+2}, \cdots, x_n]$

$y = [y_1, y_2, \cdots, y_k, y_{k+1}, y_{k+2}, \cdots, y_n]$

子代 $x' = [x_1, x_2, \cdots, x_k, y_{k+1}, y_{k+2}, \cdots, y_n]$

$y' = [y_1, y_2, \cdots, y_k, x_{k+1}, x_{k+2}, \cdots, x_n]$

（二）双断点交叉

双断点交叉运算的示意图如图6-1所示。

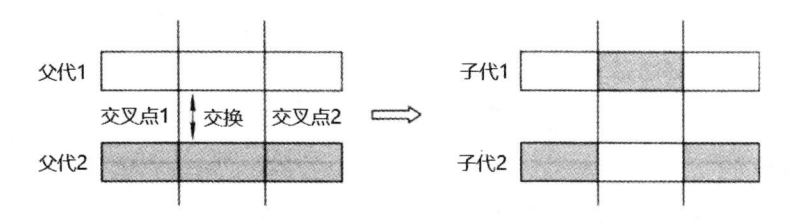

图6-1 双断点交叉运算示意图

（三）算术交叉

假定有两个父代 x_1 和 x_2，其子代可以通过如下交叉方式得到

$$x_1' = \lambda_1 x_1 + \lambda_2 x_2, \quad x_2' = \lambda_1 x_2 + \lambda_2 x_1$$

根据 λ_1 和 λ_2 取值的不同，可以分为以下三类：

（1）凸交叉：满足 $\lambda_1 + \lambda_2 = 1, \lambda_1 > 0, \lambda_2 > 0$。

（2）仿射交叉：满足 $\lambda_1 + \lambda_2 = 1$。

（3）线性交叉：满足 $\lambda_1 + \lambda_2 \leq 2, \lambda_1 > 0, \lambda_2 > 0$。

（四）基于方向交叉

基于方向交叉方式通过目标函数值来决定搜索的方向。父代 x_1 和 x_2 通过以下方式交叉得到子代 x'：

$$x' = r \cdot (x_2 - x_1) + x_2$$

其中，$0 < r \leq 1$，x_2 不差于 x_1。

（五）模拟二进制交叉

模拟二进制交叉（SBX cross-over）如下所示：

$$a_{ik}' = \begin{cases} 0.5\left[(1+\beta_k)a_{ik} + (1-\beta_k)a_{jk}\right], & r(0,1) \geq 0.5 \\ 0.5\left[(1-\beta_k)a_{ik} + (1+\beta_k)a_{jk}\right], & r(0,1) < 0.5 \end{cases}$$

其中，

$$\beta_k = \begin{cases} (2u)^{\frac{1}{n_c+1}}, & \text{当} u(0,1) \geq 0.5 \text{ 时} \\ [2(1-u)]^{-\frac{1}{n_k+1}}, & \text{当} u(0,1) < 0.5 \text{ 时} \end{cases}$$

式中，$a_{ik}, a_{jk}(i \neq j, k = 1, \cdots, n)$ 是个体 i、j 的第 k 个决策变量。r、u 是分布在 $[0, 1]$ 之间的随机数。

（六）多父辈交叉

将多父辈交叉引入遗传算法，可降低超级个体将自身复制到子代中的可能性，意味着带来了更为多样的解空间搜索结果，从而减少了遗传算法早熟的危险。

多父辈交叉操作示意图如图 6-2 所示。

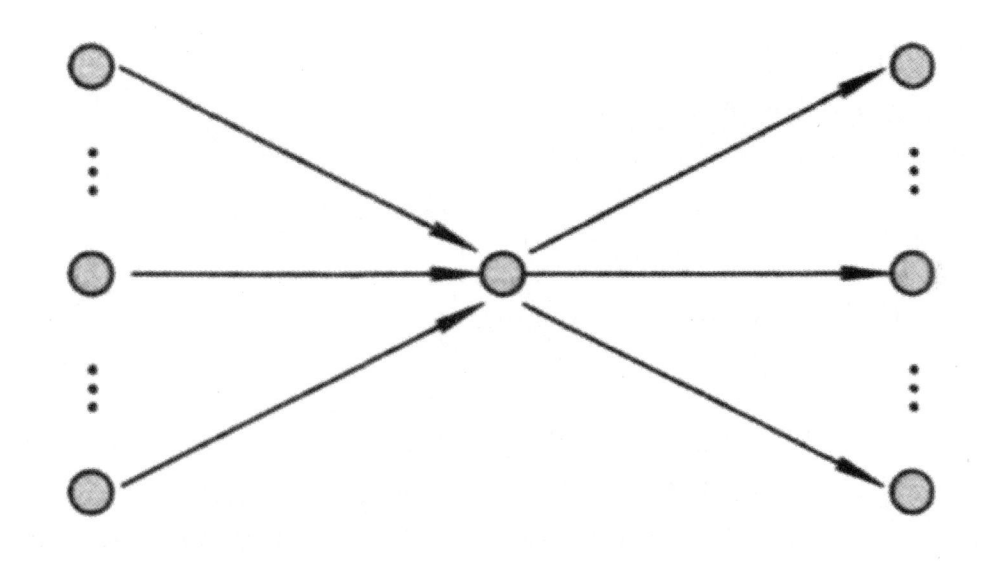

图 6-2 多父辈交叉操作示意图

二、变异算子

在生物的遗传和自然进化过程中，因为偶然的因素而导致生物的某些基因发生变异，从而产生新的染色体，表现出新的生物性状。模仿生物遗传和进化过程中的变异环节，遗传算法中也引入了变异算子来产生新的个体。

定义 2（变异算子）：变异就是将染色体编码串中的某些基因用其他的基因来替换，它是遗传算法中不可缺少的部分。其目的就是改善遗传算法的局部搜索能力，维持群体的多样性，防止出现早熟现象。

设计变异算子需要确定变异点的位置和基因值的替换，最常用的是基本位变异，它只改变编码串中个别位的基因值，变异发生的概率也小，发挥作用比较慢，效果不明显。变异算子主要有：均匀变异，它特别适用于算法的初期阶段，增加了群体的多样性；非均匀变异，随着算法的运行，它使得搜索过程更加集中在某一个重点区域中；边界变异，适用于最优点位于或接近于可行解边界的问题；高斯变异，改进了算法对重点搜索区域的局部搜索性能。随着研究的不断深入，变异算子进一步改进和新算子不断涌现。下面简单介绍几种变异方法。

（一）随机变异

随机选择一位进行变异，具体如下所示：

在第 k 个位置进行变异

↓

父代 $x = [x_1, x_2, \cdots, x_k, x_{k+1}, x_{k+2}, \cdots, x_n]$

子代 $x' = [x_1, x_2, \cdots, x_{k'}, x_{k+1}, x_{k+2}, \cdots, x_n]$

（二）实数变异

在传统的遗传算法中，算子的作用与代数是没有直接关系的。因此当算法演化到一定代数以后，由于缺乏局部搜索，传统的遗传算子将很难获得收益。基于上述原因，可以首先将变异算子的结果与演化代数联系起来，使得在演化初期，变异的范围相对较大，而随着演化的推进，变异的范围越来越小，起着一种对演化系统的微调（fine-tuning）作用。其具体描述如下：

设 $s = (v_1, v_2, \cdots, v_n)$ 是一个父解，分量 v_k 被选作进行变异的分量，其定义区间是 $[a_k, b_k]$，则变异后的解为

$$s' = (v_1, \cdots, v_{k-1}, v_k', \cdots, v_n)$$

其中，

$$v_k' = \begin{cases} v_k + \Delta(i, b_k - v_k), & \text{当 rnd(2)} = 0 \text{ 时} \\ v - \Delta(i, v_k - a_k), & \text{当 rnd(2)} = 1 \text{ 时} \end{cases}$$

式中，rnd(2) 表示将随机均匀地产生的正整数模 2 所得的结果，i 为当前演化代数，而函数 $\Delta(i, y)$ 的值域为 $[0, y]$，当 i 增大时，$\Delta(i, y)$ 接近于 0 的

概率增加。即 i 的值越大，$\Delta(i,y)$ 取值接近于 0 的可能性越大，使得算法在演化初期能搜索较大范围，而后期主要进行局部搜索即可。

函数 $\Delta(i,y)$ 的具体表达式为

$$\Delta(i,y) = y \cdot r \cdot \left(1 - \frac{i}{T}\right)^{\lambda}$$

这里，r 是 [0，1] 上的一个随机数，T 表示最大代数，λ 是一个决定非一致性程度的参数，它起着调整局部搜索区域的作用，取值一般为 2～5。

（三）高斯变异

高斯变异的方法就是，产生一个服从高斯分布的随机数，取代先前基因中的实数数值。这个算法产生的随机数，其数学期望为当前基因的实数数值。假定一个染色体由两部分组成 (x,σ)，其中，第一个分量 x 表示搜索空间中的一个点，第二个分量 σ 表示方差，则其子代个体按如下方式产生：

$$\sigma' = \sigma \mathrm{e}^{N(0,\Delta\sigma)}$$

$$x' = x + N\left(0,\Delta\sigma'\right)$$

式中，$N\left(0,\Delta\sigma'\right)$ 是一个均值为 0，方差为 σ' 的高斯函数。

第四节 选择和适应度函数

一、选择

定义 1[选择算子（selection operator）]：从群体中选择优胜个体，淘汰劣质个体的操作称为选择，即从当前群体中选择适应度值高的个体以生成配对池（mating pool）的过程。选择算子有时又称为再生算子（reproduction operator）。

（一）选择压力

定义 2（选择压力）：选择压力是最佳个体选中的概率与平均选中概率的比值。

选择的基础是达尔文的适者生存理论，遗传算法本质上是一种随机搜索，选择算子则将遗传搜索的方向引向最优解所在区域，选择的作用使得群体向最优解所在区域移动。因此，合适的选择压力很重要，选择压力太大容易早熟，选择压力太小，则进化缓慢。我们希望初始阶段选择压力小，最终选择压力大。

（二）选择方式

1. 随机采样

（1）选择幅度决定了每个个体被复制的次数。

（2）选择幅度由以下两部分组成：

①确定染色体的期望值。

②将期望值转换为实际值，即该染色体后代个体的数目。

（3）经过选择将期望转化为实际值，即后代个数常用的选择方式：

①轮盘赌的选择方式。

②一次随机采样。

轮盘赌选择又称比例选择算子，在这种选择方式中，个体被选中的概率与其适应度函数值成正比。

随机采样在算法的初期，个别超级染色体具有绝对的优势，从而控制整个选择过程，竞争过于强烈。在算法的晚期（大部分个体已经收敛），个体之间的适应度差别不大，竞争太弱，呈现随机搜索行为。比例变换和排序机制可以解决这些问题。

这两种采样方式的区别是，一次随机采样采用均匀分布，而且个数等于种群规模的旋转指针，这种方法的基本原则是保证每个染色体在下一代中复制的次数与期望值相差不大。

2. 确定性采样

确定性采样就是从父代和子代个体中选择最优的个体。具体举例如下：

（1）（$\mu + \lambda$）-selection（μ 个父代，λ 个子代，从 $\mu + \lambda$ 中选择最好的 μ 个个体）。

（2）（$\mu + \lambda$）-selection（μ个父代，λ个子代，从λ中选择最好的μ个个体）。

（3）Truncation selection（截断选择）。

（4）Block selection（块选择）。

（5）Elitist selection（精英选择，在比例选择最优个体时没有被选择，进行强制选择）。

（6）The generational replacement（代替换）。

（7）Steady-state reproduction（稳态再生，n个最差的父代个体被子代替换）。

3. 混合采样

混合采样同时具有随机性和确定性，具体举例如下：

（1）Tournament selection（竞赛选择）。

（2）Binary tournament selection（规模为2的竞赛选择）。

（3）Stochastic tournament selection（采用普通的方法计算选择概率，然后采用赌盘选择个体，适应度高的进入群体，否则被抛弃）。

（4）Remainder stochastic sampling（随机保留采样，期望选择次数的整数部分确定，小数部分随机）。

二、适应度函数

遗传算法在进化搜索中基本不用外部信息，仅以目标函数即适应度函数为依据，利用种群个体的适应度来指导搜索。遗传算法的目标函数不受连续可微的约束，且定义域可以为任意集合。对适应度函数的唯一要求是，针对输入可以计算出能加以比较的非负结果（比例选择算子需要）。需要强调的是，适应度函数值是选择操作的依据，适应度函数（Fitness Function）的选取直接影响遗传算法的收敛速度以及能否找到最优解。

（一）目标函数映射成适应度函数

对于给定的优化问题，目标函数有正有负，甚至可能是复数值，所以有必要通过建立适应度函数与目标函数的映射关系，保证映射后的适应度值是非负的，而且目标函数的优化方向应对应适应度值增大的方向。

（1）对于最小化问题，建立如下适应函数和目标函数的映射关系：

$$f(x) = \begin{cases} c_{\max} - g(x), & \text{若 } g(x) < c_{\max} \\ 0, & \text{否则} \end{cases}$$

式中，$C_{\max}$ 可以是一个输入值或是理论上的最大值，也可以是当前所有代数或最近 K 代数中 $g(x)$ 的最大值，此时 $C_{\max}$ 随着代数会有变化。

（2）对于最大化问题，一般采用以下映射：

$$f(x) = \begin{cases} g(x) - c_{\min}, & \text{若 } g(x) - c_{\min} > 0 \\ 0, & \text{否则} \end{cases}$$

式中，$g(x)$ 为目标函数值，$C_{\min}$ 可以是一个输入值，也可以是当前所有代数或最近 K 代数中 $g(x)$ 的最小值。

（二）适应度变换

在遗传进化的初期，通常会出现一些超常个体，若按比例选择策略，这些异常个体有可能在群体中占据很大的比例，导致未成熟收敛。显然，这些异常个体因竞争力太突出，会控制选择过程，从而影响算法的全局优化性能。另外，在遗传进化过程中，虽然群体中个体的多样性尚存在，但往往会出现群体的平均适应度已接近最佳个体适应度的情况，这时，个体间的竞争力相似，最佳个体和其他个体在选择过程中有几乎相等的选择机会，从而使有目标的优化过程趋于无目标的随机搜索过程。

对于未成熟收敛现象，应设法降低某些异常个体的竞争力，可以通过缩小相应的适应度值来实现。对于随机漫游现象，应设法提高个体间的竞争力差距，可以通过放大相应的适应度值来实现。这种适应度的缩放调整称为适应度变换，即假定第 i 个染色体的原始适应度为 f_k，变换后的适应度 f'_k 为

$$f'_k = g(f_k)$$

函数 $g(\cdot)$ 根据采用的形式不同会产生不同的变换方法，具体如下：

（1）线性变换（linear scaling）。

$$f'_k = a \times f_k + b$$

（2）Boltzmann 变换（Boltzmann scaling）。

$$f'_k = e^{f_k/T}$$

（3）乘幂变换。

$$f'_k = f_k^a$$

（4）归一化变换。

$$f'_k = \frac{f_k - f_{\min} + \gamma}{f_{\max} - f_{\min} + \gamma}, 0 < \gamma < 1$$

三、适应度共享和群体多样性

（一）简介

共享函数法根据个体在某个距离内与其他个体的临近程度来确定该个体的适应度应改变多少。在拥挤的峰周围的个体复制概率受到抑制，利于其他个体产生后代。

适应度共享可用于多峰搜索，共享函数的作用在于根据个体邻域内个体的分布情况对个体的适应度进行惩罚。

根据两个染色体之间采用的距离测度的不同，适应度共享可以分为以下两类：

（1）Genotypic sharing（基因型共享）。个体之间的距离在码空间进行计算，具体如下：

$$d_{ij} = d(s_i, s_j)$$

式中，s_i 表示编码形式的一个字符串或者一条染色体。

（2）Phenotypic sharing（表现型共享）。个体之间的距离在解空间进行计算，具体如下：

$$d_{ij} = d(x_i, x_j)$$

式中，x_i 表示解码后的一个解。

（二）定义

共享函数 $\text{Sh}(d_{ij})$ 定义如下：

$$\text{Sh}(d_{ij}) = \begin{cases} 1 - \left(\dfrac{d_{ij}}{\sigma_{\text{share}}}\right)^{\alpha}, & \text{若 } d_{ij} < \sigma_{\text{share}} \\ 0, & \text{否则} \end{cases}$$

式中，σ 是一个常数，σ_{share} 是用户定义的小生境半径。

在给定了适应度函数的定义之后，一个染色体的共享适应度 f_i' 定义如下：

$$f_i' = \frac{f_i}{m_i}$$

式中，m_i 为给定染色体 i 的小生境计数（the niche count），即染色体 i 与群体中所有染色体之间共享函数之和，具体定义如下：

$$m_i = \sum_{j=1}^{\text{popsize}} \text{Sh}(d_{ij})$$

第五节 遗传算法用于求解数值优化问题

遗传算法作为一种优化方法，具有如下优点：①对可行解表示的广泛性；②群体搜索特性；③不需要辅助信息；④遗传算法具有固有的并行性和并行计算能力；⑤内在启发式随机搜索特性；⑥遗传算法采用自然进化机制来表现复杂的现象，能够快速可靠的解决求解非常难的问题；⑦遗传算法具有可扩展性，易于同别的技术混合使用。

一、遗传算法求解优化一般过程

在科学工程领域中，优化有着十分广泛的应用。根据数学理论定义，优化是指在某种约束条件下，寻求目标函数的最大值或者最小值。将以上定义转换为数学公式为 $\min f(x); x \in S$.

在以上公式中，x 表示的是变量向量，也就是 $x=(x_1,x_2,\cdots,x_n)$；$f(x)$ 即优化情况下的目标函数，S 表示的是 x 所承受的约束条件。如果 x 没有接受任何的约束条件，或者 S 是数值条件下的全集，则该优化为非约束优化。否则，是约束优化。

求解优化问题的遗传算法的构造过程一般包括如下步骤：①确定决策变量和约束条件；②建立优化模型；③染色体编码与解码；④个体适应度的检测评估；⑤遗传算子；⑥确定遗传算法的运行参数。

由于遗传算法在大量问题求解过程中独特的优点和广泛的应用，许多基于 matlab 的遗传算法工具箱相继出现，其中出现较早、影响较大、较为完备者当属英国谢菲尔德（sheffield）大学推出的基于 matlab 的遗传算法工具箱。

遗传算法工具箱使用 matlab 矩阵函数为实现广泛领域的遗传算法建立了一套用 M 文件写成的命令行形式的函数。用户可以通过使用这些命令行函数，根据实际分析的需要，自行编写函数文件，脚本文件等 M 文件，就可以灵活地解决各种实际问题。

二、使用基于 matlab 的遗传算法工具箱求解优化问题

假设目标函数为

$$\min f(x_1,x_2) = \sum_{i=1}^{5} i\cos[(i+1)\cdot x_1+i]\cdot$$

$$\sum_{i=1}^{5}\cos[(i+1)\cdot x_2+i], \quad -10 \leqslant x_1,x_2 \leqslant 10$$

该函数是著名的多元多峰 shubert 函数图像。在优化领域中，shubert 函

数有多个局部极值点，具有一定的"欺骗性"，许多优化算法会收敛到一个次优的结果，进而无法取得最优解。遗传算法适合解决标准优化算法无法解决或者很难解决的优化问题。

应用谢菲尔德（sheffield）遗传算法工具箱，该优化问题的脚本文件matlab 代码如下：

nind = 40 % 个体数目

maxgen = 50 % 最大遗传代数

nvar = 2 % 变量数目

preci = 25 % 变量的二进制位数

ggap = 0.9

fieldd = [rep([preci],[1, nvar]); rep([-3;3],[1, nvar]); rep([1;0;1;1],

chrom = crtbp (nind, nvar*preci) % 创建初始种群

gen = 0

trace = zeros (maxgen, 2) % 遗传算法性能跟踪初始值

x = bs2rv(chrom, fieldd) % 初始种群十进制转换

objv = shubert ($x(:,1), x(:,2)$) % 计算初始种群的目标函数值

while gen ^{maxgen}

fitnv = ranking (objv)) % 分配适应度值

selch=select('sus',chrom,fitnv,ggap) % 选择

selch = recombin('xovsp',seleh,0.7) % 重组

selch = mut (selch) % 变异

x = bs2rv···(selch, fieldd) % 子代十进制转换

objvsel = shubert ($x(:,1), x(:,2)$) % 重插入

[chrom,objv]= reins (chrom, selch, 1, 1, objv, objvse 1)

第六章 遗传算法

gen = gen +1

[y,i] = min(objv)

y, bs2rv(chrom (i,:), fieldd) % 输出最优解及其对应的自变量值

trace(gen, 1) = min(objv)

trace(gen, 2) = sum(objj) / length (objv) % 遗传算法性能跟踪

end

end

运行代码，经过 50 次迭代后的结果（图 6-3）及种群目标函数均值的变化和最优解的变化（图 6-4）。该程序的运行结果显示：50 次迭代后，最优解 $minf(x)$ =-186.7309，此时 $x1$ =-1.1342，$x2$ =-0.8003。

总之，可以使用遗传算法解决标准优化算法无法解决或者很难解决的优化问题，例如，当优化问题的目标函数是离散的、不可微的、随机的或者高度非线性化的时候，使用遗传算法就会比一般的优化方法更有效、更方便。

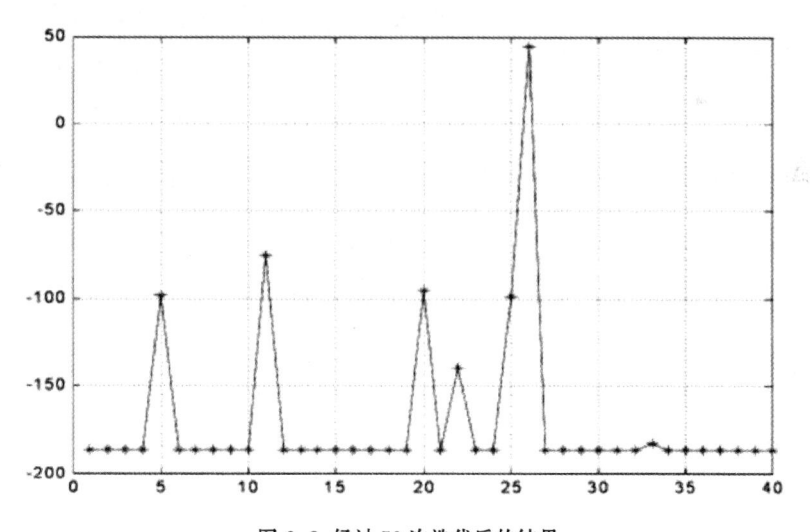

图 6-3 经过 50 次迭代后的结果

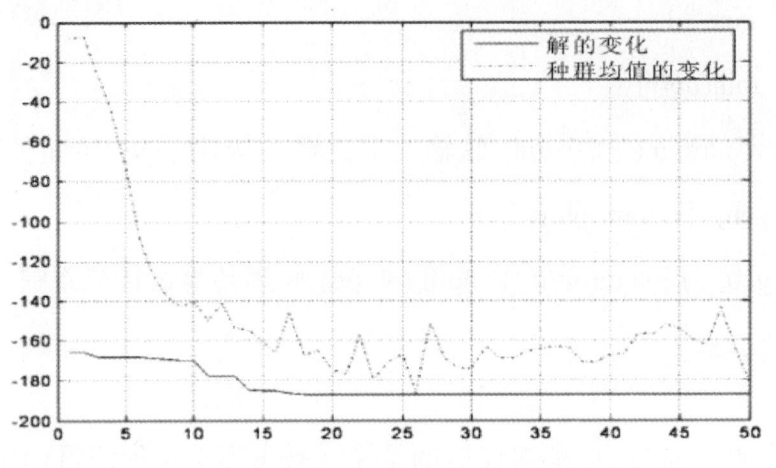

图 6-4 经过 50 次迭代后种群目标函数均值的变化和最优解的变化

第六节 遗传算法中的模式定理与假设

遗传算法作为应用广泛且高效的随机全局搜索与自适应智能优化算法，从提出之日起，就建立了一些相关的基本理论。它是对生物进化机理的一种模拟，但是这种进化机理只说明了生物本身的进化现象，并没有逻辑必然性。人们从理论上试图对遗传算法进行解释，其中模式定理、积木块假设是其精髓所在，是遗传算法具有较强的鲁棒性、自适应性和全局优化性的理论依据。

模式定理被称为遗传算法的进化动力学的基本定理。该定理基于特定的编码和基因操作准则，从数学分析的角度提供了遗传算法运行机理的解释，从而构成了遗传算法的理论基础。它反映了重要基因的发现过程。

积木块假设描述了遗传算法是如何找到全局最优解的，使遗传算法具备了找到全局最优解的能力。

一、模式定理

引入"模式"的概念之后，对于二进制编码，遗传算法的实质可以看作对基因模式的一种操作运算。遗传算法在进化的过程中，可以看作通过选择、交叉和变异算子，不断发现重要基因、寻找优秀模式的过程。选择算子对于模式的作用表现为适应值越高，被选择概率越大，优秀模式在种群中的个体采样数量不断增加,优秀基因被下一代继承。交叉运算,有可能使模式不变或破坏,也由于其破坏作用而生成了新的适应度值高的模式。而变异概率很小,破坏模式的可能性也很小。以下分析选择、交叉和变异操作对模式生存数量的影响。

（一）选择对模式的影响

种群规模为 pop 的第 t 代种群用 P(t) 表示, $P(t) = a_1(t), a_2(t), \cdots a_{pop}(t)\}$,一个特定的模式 H 在种群 P(t) 中与其匹配的个体数（样本数）为 m,记为

$$m = m(H, t)$$

基本遗传算法是按比例进行的选择操作。在选择算子阶段,每个个体是根据本身适应度值 f 被选择的,即按照当前个体适应度值在整体中所占的概率 $p_i = f_i(a_i) / \sum_{i=1}^{n} f(a_i)$ 进行选择的。对于种群规模为 pop 的非重叠个体的种群,模式 H 在 t+1 代的生存数量为

$$m(H, t+1) = m(H, t) \times pop \times \frac{f(H)}{\sum_{i=1}^{pap} f(a_i)}$$

式中,f(H) 表示模式 H 与其匹配的所有样本的适应度平均值。令种群总的适应度平均值为 $\bar{f} = \sum_{i=1}^{pop} f(a_i) / pop$,则上式可以表示为

$$m(H, t+1) = m(H, t) \times \frac{f(H)}{\bar{f}}$$

该式表明下一代种群中模式 H 的生存数量,与模式的适应度值成正比,与种群平均适应度值成反比。换句话来讲,种群中适应度值高于种群平均适应度值的模式将会更多地出现在下一代种群中。反之,对于低于种群平均适应度值的模式在下一代中将会减少,甚至消失。一个特定的模式是按照其平均适应度和种群的平均适应度之间的比例进行生长和衰减的。

假设模式 H 适应度平均值一直高于种群适应度平均值，高出部分为 c，即可设 $f(H) - \bar{f} = c \times f$，其中 c 为常数，则上式可以改写成

$$m(H, t+1) = m(H, t) = \frac{\bar{f} + c \times \bar{f}}{\bar{f}} m(H, t) \times (1+c)$$

种群从 $t=0$ 时刻开始，假设 c 保持不变，而 $m(H, t)$ 为等比级数，其通项公式为

$$m(H, t) = m(H, 0) \times (1+c)t$$

由上式可知：

若 $c > 0$，则 $m(H, t)$ 以指数规律的形式增加；

若 $c < 0$，则 $m(H, t)$ 以指数规律的形式降低。

以上分析表明，在选择运算的作用下，如果模式的适应度平均值高于种群的适应度平均值，则模式的生存数量以指数级增长，否则以指数级降低。显然，选择不会产生新的模式结构，不利于检测搜索空间的新领域，因而在改进性能方面是有限的，为此采取交叉和变异方式来解决。

（二）交叉对模式的影响

交叉操作是编码串之间既有组织又随机基因交换，它既可以创建新的模式，还能保证选择出的高模式个体能够生存。

以单点交叉为例，分析交叉过程中模式遭破坏或生存的概率。假设有模式 H，该模式中与其匹配的样本个体与其他个体进行交叉操作时，根据交叉点位置的不同，该模式可能不被破坏，可以在下一代种群中继续生存，也可能破坏了该模式。该模式的生存概率下界用 p_s 表示。交叉操作对模式的影响与其定义距 $\sigma(H)$ 有关。显然，当随机产生的交叉点在模式的定义距长度之内时，有可能破坏该模式，但是也不一定破坏该模式。当随机设置的交叉点在模式的定义长度之外时，肯定不会破坏该模式。即在交叉过程中，定义距小的模式比定义距大的模式更容易生存，因为交叉点更容易落在距离较远的两个确定位之间。若字符串长度为 L，模式 H 被破坏的概率 p_d 为

$$p_d = \frac{\sigma(H)}{L-1}$$

而生存概率 p_s 为

$$p_s = 1 - \frac{\sigma(H)}{L-1}$$

以概率 p_e 的交叉操作按照随机方式进行，模式 H 生存概率的下限可以计算如下：

$$p_s \geq 1 - p_e \times \frac{\delta(H)}{L-1}$$

上式描述了模式 H 在交叉操作下的生存概率。由于选择与交叉算子不相关，考虑选择和交叉操作下模式 H 的生存数量变化，可得到模式 H 的估计值：

$$m(H, t+1) \geq m(H, t) \times \frac{f(H)}{\bar{f}} \times p_s = m(H, t) \times \frac{f(H)}{\bar{f}} \times \left(1 - p_c \times \frac{\delta(H)}{L-1}\right)$$

在其他值固定的情况下，从上式可以看出，模式的增长与否，取决于模式的适应度 $f(H)$ 与种群平均适应度 $\bar{f}$ 的关系和模式定义距 $\delta(H)$ 的长短这两个因素：

①定义距越短，即 $\delta(H)$ 越小，则 $m(H, t)$ 越容易呈指数级增长率被遗传。

②定义距越长，即 $\delta(H)$ 越大，则 $m(H, t)$ 越不容易呈指数级增长率被遗传。

二、积木块假设

由模式定理可知，具有阶数较低、短定义长度以及适应度平均值高于种群适应度平均值的模式在下一代中呈指数规律增加。这类模式结构被称为积木块（building block）。这些"好"的模式，就像积木块一样，相互拼接，创造出适应度值更高的位串，进而发现更优秀的个体。积木块假设就说明了这一问题。

积木块假设：低阶、短距、适应度高的模式（积木块），经过遗传运算，可以相互结合，能生成阶数高、距离长、适应度值较高的模式，可最终得到优化问题的最优解。

模式定理保证遗传算法在运算过程中，较优模式的样本个体数呈指数级增长，满足了遗传算法寻找最优个体的必要条件，即找到全局最优解的可能。而积木块假设保证了遗传算法具备寻找全局最优解的能力，即积木块在遗传算子的作用下，能生成高阶、长距、高平均适应度的模式，最终生成全局最优解。

因为没有完备的数学理论证明积木块假设，所以才被称为假设，而非定理，但大量的实践应用证据支持这一假设，而且其在许多领域都取得了成功。尽管大量的证据并不等同于理论性的证明，但可以肯定，对大多数要解决的问题，二进制遗传算法都适用，大量实践也说明了它的有效性。

总的来说，模式定理说明了优秀的基因会呈指数级增加的原因，积木块假设说明了遗传算法为什么能够发现重要的基因。这两个理论是遗传算法的数学基础，也是遗传算法进化的动力学基础。因为这两个理论的存在，所以二进制遗传算法在很多实际应用的优化问题中得到了广泛的应用。

第七章 群智能计算

第一节 粒子群优化算法

一、粒子群优化算法

粒子群算法（Particle Swarm Optimization，PSO）源于对鸟群捕食的行为研究。与遗传算法类似，PSO 基于群体迭代，但并没有遗传算法用的交叉及变异，而是由粒子在解空间追随最优的粒子进行搜索。PSO 的优势在于简单，容易实现，同时又有深刻的智能背景，既适合科学研究，又特别适合工程应用，并且没有太多需要调整的参数。

（一）算法原理

设想这样一个场景：一群鸟搜索食物，在所在区域里只有一块食物，所有的鸟都不知道食物在哪里，不过它们通过感知能判断出当前的位置离食物还有多远。那么最简单有效的策略就是搜寻目前离食物最近的鸟的周围区域。PSO 中，每个优化问题的解都是搜索空间中的一只鸟，称为"粒子"。所有的粒子都有一个由被优化的函数决定的适应值（fitness value），每个粒子还有一个速度决定它们飞翔的方向和距离。然后粒子就追随当前的最优粒子在解空间中搜索。

（二）算法流程

（1）初始化。对微粒群的随机位置和速度进行初始设定。

在 d 维空间中初始化 n 个粒子，第 i 个粒子初始化为

$$p_i^g = \begin{pmatrix} p_{i1} & p_{i2} & \cdots & p_{ik} & \cdots & p_{id} \end{pmatrix}^T$$

第 i 个粒子的个体最优：

$$i\text{Best}_i^g = \begin{pmatrix} p_{I1} & p_{I2} & \cdots & p_{lk} & \cdots & p_{ld} \end{pmatrix}^T$$

第 i 个粒子的速度：

$$v_i^g = \begin{pmatrix} v_{i1} & v_{i2} & \cdots & v_{ik} & \cdots & v_{id} \end{pmatrix}^T$$

其中，g 是迭代次数。

（2）微粒的适应值计算。

（3）对于每个微粒，将其适应值分别与所经历过的最好位置 P_i、全局所经历的最好位置 P_g 的适应值进行比较，若较好，则更新其作为当前的最好位置。

（4）根据哪个式对微粒的速度和位置进行进化。

（5）如未达到结束条件（通常为足够好的适应值）或达到一个预设最大代数（$G_{\max}$），则返回到（2）。

（三）模型分析

基本粒子群算法的速度进化方程由认识和社会两部分组成：

$$v_i^d(k+1) = v_i^d(k) + c_1 * \text{rand1}_i^d * \left(p\,\text{best}_i^d - x_i^d \right) +$$
$$c_2^* \text{rand}_i^d * \left(\text{gbest}^d - x_i^d \right)$$

式中，$i = 1, 2, \cdots, PS$，表示第 i 个粒子，PS 为种群规模；$d = 1, 2, \cdots, D$，表示搜索空间的第 d 维，D 为搜索空间维数；x 和 v 表示粒子的位置和速度；pbest_i 表示第 i 个粒子自身发现的个体最优位置；gbest 表示整个种群当前时刻发现的最优位置；c_1 和 c_2 是加速度因子，又分别称作认知因子和社会因子；rand1 和 rand2 为区间（0，1）内的随机数。

$$v_{ij}(t+1) = v_{ij}(t) + c_1 r_{1j}(t)\left(p_{ij}(t) - x_{ij}(t) \right) + c_2 r_{2j}(t)\left(p_{gj}(t) - x_{ij}(t) \right)$$

$$v_{ij}(t+1) = p_1 + p_2 + p_3$$

式中，第一部分 p_1 为微粒的先前速度；第二部分 p_2 为"认知"部分，仅体现了微粒自身的经验，表示微粒本身的思考；第三部分 p_3 为"社会"部分，表示微粒间的社会共享信息。若速度进化方程仅包含"认知"部分，即

$$v_{ij}(t+1) = v_{ij}(t) + c_1 r_{1j}(t)\left(p_{ij}(t) - x_{ij}(t)\right)$$

这样不同微粒之间缺乏信息交流，即没有社会信息共享，微粒间没有交互，使得一个规模为 N 的群体等价于运行了 N 个单位微粒，因而得到最优解的概率非常小。

如果速度进化方程仅包含"社会"部分，即

$$v_{ij}(t+1) = v_{ij}(t) + c_2 r_{2j}(t)\left(p_{gj}(t) - x_{ij}(t)\right)$$

微粒没有认知能力，也就是只有社会的模型。

一些研究表明，对不同的问题，模型的三个部分各自的重要性有所不同，目前还没有从理论上给出依据。

（四）收敛性分析

微粒在相互的作用下，有能力到达新的搜索空间。虽然其收敛速度比 PSO 算法更快，但对于复杂问题，容易陷入局部最优点。PSO 算法无法保证收敛，但这并不意味着 PSO 算法的实用性不好。

（五）种群拓扑结构

PSO 的社会学习行为建立在一定的种群拓扑结构的基础上，这种拓扑结构决定了每个粒子所从属的社会领域和可能的学习对象。

拓扑结构限定了个体的学习对象范围，动态拓扑结构可能改变学习对象的范围，但并未规定个体的具体学习对象，传统的 PSO 向邻域中的最优个体学习。

一种是全信息型 PSO，每个个体向邻域中的所有个体学习，并以加权方式协调。

另一种是全面学习型 PSO，每个个体在搜索空间的每一个维上随机地选取两个个体中认知水平较高个体的对应维进行学习。

两种算法的总体性能较传统的 PSO 有明显改进。学习对象的选择和学习方式都是 PSO 研究的重要方向。

二、标准粒子群优化算法

（一）带惯性权重 w 的粒子群优化算法

从基本粒子群算法的速度进化方程所示的基本粒子群算法中可以看出，它并没有对粒子前一刻的速度进行适当的取舍，大量的实验证明，这将会在很大程度上降低粒子的搜索能力。在基本粒子算法公式中引入惯性权重，提高粒子群的搜索能力。如下：

$$v_i^d(k+1) = wv_i^d(k) + c_1 * \text{randl}_i^d * \left(p\text{ best}_i^d - x_i^d\right) +$$

$$c_2 * \text{rand}_i^d * \left(\text{gbest}^d - x_i^d\right)$$

从公式可以看出，惯性权重 w 决定了粒子前一时刻的速度对当前速度影响的程度，对粒子群算法的全局探索及局部开发能力起到平衡作用。全局探索指的是粒子离开原来搜索路径并开始新方向搜索的程度，而局部开发能力指的是粒子按原先轨迹进行细致搜索的能力。在算法早期，增大 w 值，使其远离个体最优与全局最优，增大搜索空间，提高全局搜索的能力。相反，在算法后期，则通过减小 w 值来提高局部搜索能力，使其尽快稳定到最优点。因此，引入惯性权重将在一定程度上提高了粒子群搜索能力。

最常用的是 LDW PSO 来适时调整 w 值的大小，如下：

$$w = w_{\max} - \frac{w_{\max} - w_{\min}}{\text{iter}_{\max}} \cdot \text{iter}$$

式中，$w_{\max}, w_{\min}$ 分别为最大权重与最小权重；$\text{iter}_{\max}, \text{iter}$ 分别为最大迭代次数与当前迭代次数。

（二）带压缩因子 χ 的粒子群优化算法

为了使粒子的飞行速度可控，进一步使基本粒子群算法能够在全局搜索与局部开发之间找到平衡，于是建立了带有收缩因子的粒子群算法模型，

$$\begin{cases} v_i^d(k+1) = \chi\left(v_i^d(k) + c_1 * \text{rand1}_i^d * \left(p\text{ best}_i^d - x_i^d\right) + \right. \\ \left. c_2^* \text{ rand}_i^d * \left(\text{gbest}^d - x_i^d\right)\right) \end{cases}$$

$$\chi = \frac{2}{\left|2 - \phi - \sqrt{\phi^2 - 4\phi}\right|}$$

式中，$\phi = c_1 + c_2$，$\phi > 4$。

经过大量实验证明，通过对粒子速度进行最大限制，可以取得更好的优化效果，即在基本粒子群算法中引入收缩因子。

三、改进粒子群优化算法

为了进一步加快 PSO 算法的收敛速度、提高结果的精度及使其适应各自领域的需要，大量文献将粒子群算法与某些算法相结合，提出了自适应粒子群算法、基于扰动变异的粒子群算法、混合粒子群算法、二进制粒子群算法、全信息粒子群算法等，具体可查阅相关文献。

四、粒子群优化算法

（一）初始化微粒位置和速度

初始化微粒在距离坐标（20，20，-10）周围随机产生的点，与坐标（20，20，-10）的距离不超过长度。

初始最优位置等于微粒的初始位置，显示开关打开。

全局最优位置为第一个微粒的初始位置。

（二）优化计算

（1）将每个微粒的当前位置存入它的轨迹。

（2）计算每个微粒当前位置和历史最优位置的适应度，比较适应度，取最小的适应度，令微粒历史最优位置的坐标等于取最小适应度的坐标。

（3）计算所有微粒的适应度和全局最优位置的适应度，比较适应度，令全局最优位置的坐标等于所有微粒适应度最小的点的位置。

（4）计算趋向自身最优的速度和趋向全局最优的速度。

（5）计算下一次微粒的位置。

（6）若计算步数没有超过指定的步数，则重复计算。

第二节 蚁群优化算法

一、蚁群算法

蚁群算法（Ant Colony Optimization，ACO）灵感来自自然界蚁群的寻径方式，是通过对其进行模拟而得到的一种仿生算法。由意大利学者多里戈（M.Dorigo）等于1991年第一届欧洲人工生命会议（European Conference on Artificial Life，ECAL）上首次提出。次年，多里戈又在其博士学位论文中进一步阐述了蚁群算法核心思想。ACO作为蚁群智能领域第一个取得成功的实例，曾一度成为蚁群智能的代名词，相应理论研究及改进算法近年来层出不穷。

目前，ACO算法已被广泛应用于组合优化问题中，在图着色问题、车辆调度问题、车间流问题、机器人路径规划问题、路由算法设计等应用中效果良好，也有应用于连续问题的优化尝试。

（一）基本原理

自然界中的蚂蚁群居生存，蚁群中每只蚂蚁分类、分工明确。蚂蚁在移动过程中，会在它所经过的路径上留下一种称为信息素（pheromone）的物质，其他蚂蚁也能感知这种物质的位置和强弱，并以此指导自己的运动方向。通过这种信息传递机制，大量蚂蚁组成的蚁群集体行为便表现出一种信息正反馈现象：某一路径上走过的蚂蚁越多，则后来者选择该路径的概率就越大。

1.蚁群觅食行为分析

寻找食物时，一些蚂蚁毫无规律地分散在四周游荡，如果其中一只蚂蚁找到食物，它就返回巢穴通知同伴，并沿途留下信息素作为蚁群前往食物所在地的标记。留下的信息素会逐渐挥发，也就是说，如果两只蚂蚁同时找到同一食物，又采取不同路线回到巢穴中，那么比较绕弯的一条路上信息素的气味会比较淡，则蚁群将倾向于沿另一条更近的路线前往食物所在地。下面定量地介绍一下蚁群搜寻食物的具体过程。

如图 7-1 所示，A 为蚁穴起点，D 为一处食物。假设两只蚂蚁分别走 ABD 和 ACD 的路径去取食。设蚂蚁每一个时间单位会留下一个单位的信息素，则经过 12 个时间单位后，走 B 点的蚂蚁到达 D 点取到食物后，又原路返回到起点 A，而走 C 点的蚂蚁才刚好走到 D 点。此时，ABD 路线上的信息素与 ACD 路线上的信息素比为 2∶1。

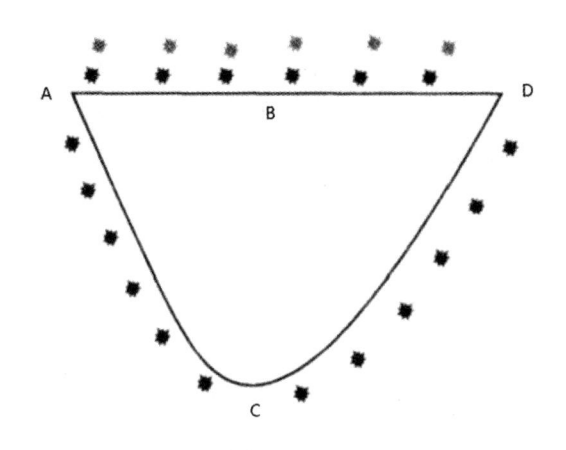

图 7-1 蚁群寻食路径图示

蚁群继续寻找食物，后面的蚂蚁会考虑信息素的指导，逐渐形成正反馈，最后所有的蚂蚁都会放弃 ACD 路线而采用 ABD 路线，即选择出了最优路线。

2. 人工蚁

基于以上蚁群寻找食物时的最优路径选择问题，可以构造人工蚁群来解决最优化问题，如 TSP 问题。

人工蚁群中把具有简单功能的工作单元看作蚂蚁。与真实蚂蚁相比：

（1）相同点。

①都存在一个群体中个体相互交流通信的机制。

真实蚂蚁在经过的路径上留下信息素，人工蚂蚁改变在其所经路径上存储的数字信息，也就是算法中定义的信息量。它记录了蚂蚁当前解和历史解的性能状态，并且可被其他后续人工蚂蚁读写。

②都要完成一个同样的任务。

即寻找一条从源节点（巢穴）到目的节点（食物源）的最短路径。人工蚁和真实蚂蚁都不具有跳跃性，只能在相邻节点之间一步步移动，直至遍历完所有节点。为了能在多次寻路过程中找到最短路径，则应该记录当前的移动序列。

③利用当前信息进行路径选择的随机选择策略。

人工蚂蚁从某一节点到下一节点的移动和真实蚂蚁一样，都是利用随机选择策略实现的，概率选择策略只利用当前的信息去预测未来的情况，而不能利用未来的信息。

因此，人工蚂蚁和真实蚂蚁所使用的选择策略在时间和空间上都是局部的。

（2）不同点。

①人工蚂蚁存在于一个离散的空间中，它们的移动是从一个状态到另一个状态的转换。

②人工蚂蚁具有一定的记忆能力，能记忆已经访问过的节点。

③人工蚂蚁存在于一个与时间无关联的环境之中。

④人工蚂蚁能受到问题空间特征的启发，选择下一条路径的时候按一定算法有意识地寻找最短路径。

⑤为了改善算法的优化效率，人工蚂蚁可灵活地增加一些性能，如预测未来、局部优化、回退等。

3. 蚂蚁行为规则

为蚂蚁寻找食物设计一个人工智能的程序，让蚂蚁能够避开障碍物，找到食物。事实上，每只蚂蚁并不像我们想象的那样需要知道整个世界的信息，它们只关心它们周围很小范围内的信息，遵循几条简单的规则进行决策，如此，在蚁群这个集体层面上，就会出现整体大于部分之和的复杂性行为。

那么，这些简单的规则是什么呢？

（1）范围。

蚂蚁能感知到的范围是一个方格世界，设一个参数为速度半径（一般是3），那么它能观察到的范围就是3×3个方格世界，并且能移动的距离也在这个范围内。

（2）环境。

每只蚂蚁都仅能感知它范围内的环境信息。蚂蚁所在的环境是一个虚拟的世界，其中有障碍物、别的蚂蚁、信息素。信息素有两种：一种是找到食物的蚂蚁撒下的食物信息素，另一种是找到巢穴的蚂蚁撒下的蚁穴信息素。环境以一定的速率参数让信息素消失。

（3）觅食。

若蚂蚁能够观察到的范围内有食物，就直接过去。否则，看是否有信息素，并且比较在能感知的范围内哪一点的信息素最多，这样，它就朝信息素多的地方爬。每只蚂蚁都会以小概率犯错误，并不一定是往信息素最多的点移动。蚂蚁找蚁穴的规则和上面的一样，只不过对应的是蚁穴信息素。

（4）移动。

每只蚂蚁都以极大的概率向信息素最多的方向移动。当周围没有信息素指引时，蚂蚁会以极大概率按照自己原来运动的方向惯性地运动下去。在运动的方向有一个随机的小的扰动。为了防止蚂蚁原地转圈，它会记住最近刚走过了哪些点，如果发现要走的下一点已经在最近走过了，它就会尽量避开。

（5）避障。

如果蚂蚁要移动的方向有障碍物挡住，它会避开该方向。

（6）播撒信息素。

每只蚂蚁在刚找到食物或者蚁穴的时候散发的信息素最多，随着它走的距离越来越远，播撒的信息素越来越少。

每只参与觅食的蚂蚁只要遵循这几条简单规则，与周围的环境进行简单交互，就能完成蚁群复杂的群体行为。这些规则综合起来具有两个方面的特点：多样性和正反馈机制。

多样性保证了蚂蚁在觅食的时候不至于走进死胡同而无限循环，也可以看成一种不确定性和创造性，可以打破既定的规则，进行新的探寻。正反馈机制保证了相对优良的信息能够被保存下来，是一种经验性的学习。引申来讲，大自然的进化、人类社会的发展，实际上都离不开这两种特性的巧妙交融。

（二）系统模型

1. TSP

蚁群算法最早成功应用于解决著名的 TSP 问题，该算法采用分布式并行计算机制，易与其他方法结合，并且具有较强的鲁棒性。为了说明蚁群算法系统模型，首先引入旅行商问题（Travelling Salesman Problem，TSP）。

TSP 可简单描述为一个旅行商人要拜访 n 个城市，每个城市只能拜访一次，最后要回到原来出发的城市。

要求所选路径的路程为所有路径之中最短的。

TSP 可分为对称 TSP 和非对称 TSP 两大类，若两城市往返的距离相同，则为对称 TSP；否则，称为非对称 TSP。简单起见，这里只讨论对称 TSP。

TSP 属于组合优化问题，即寻找一个组合对象，比如一个排列或一个组合，这个对象能够满足特定的约束条件，并使某个目标函数取得极值——价值最大或成本最小。

2. 系统模型

为模拟实际蚂蚁的行为，首先引入如下记号：

m：蚁群中蚂蚁数量；

d_{ij}：城市 i 和城市 j 之间的距离；

η_{ij}：由城市 i 转移到城市 j 的路径 (i，j) 的能见度，反映该路径的启发程度，在这里实际上可以取 $\eta_{ij}=1/d_{ij}$，即采用两城市之间距离的倒数作为蚁群算法的启发因子；

$\Delta\tau_{ij}$：路径 (i，j) 上的信息素轨迹强度；

P_{Kij}：在城市 i 的蚂蚁 K 的转移概率，城市 j 是尚未访问的城市。

根据前面所述实际蚂蚁的行为规则，每只人工蚁都是具有如下特征的简单主体：

①在从城市 i 到城市 j 的运动过程中或是在完成一次循环后，蚂蚁在路

径 (i,j) 上释放信息素。

②蚂蚁依据一定的概率选择下一个将要访问的城市,这个概率是两城市间距离和连接两城市的路径上存有信息素的函数。

蚂蚁 K 从城市 i 到城市 j 的转移概率:

$$P_{ij}^K(t) = \begin{cases} \dfrac{[\tau_{ij}(t)]^\alpha \cdot (\eta_{ij})^\beta}{\sum\limits_{K\in\{允许KK\}}[\tau_{iK}(t)]^\alpha (\eta_{iK})^\beta}, & j\in\{允许K\} \\ 0, & 其他 \end{cases}$$

较多的信息素 τ_{ij} 一般对应着较短的路径,即 τ_{ij} 越大,η_{ij} 也越大,蚂蚁选择较短路径的概率更大。这就形成了一个正反馈的过程。

③在完成一次循环以前,不允许蚂蚁选择已经访问过的城市。所以,需要为每只蚂蚁设定一个禁忌表,记录蚂蚁已经访问过的城市,以满足问题的约束条件。

④经过 n 个时刻,蚂蚁完成一次循环,各路径上留下的信息素量根据下式进行调整,使信息素随时间的推移逐渐消散:

$$\begin{cases} \tau_{ij}(t+n) = (1-\rho)\cdot\tau_{ij}(t) + \Delta\tau_{ij}(t) \\ \Delta\tau_{ij}(t) = \sum\limits_{k=1}^{n}\Delta\tau_{ij}^k(t) \end{cases}$$

式中,ρ——信息素挥发因子;

$\Delta\tau_{ij}^K(t)$——第 K 只蚂蚁在时刻 $(t, t+1)$ 留在路径 (i,j) 上的信息素量,其值视蚂蚁表现的优劣程度而定,路径越短,信息素释放的越多;

$\Delta\tau_{ij}(t)$——本次循环中路径 (i,j) 信息素量的增量;

$(1-\rho)$——信息素轨迹的衰减系数,用来避免路径上的轨迹量的无限增加。

二、改进的蚁群算法

（一）带精英策略的蚂蚁系统

带精英策略的蚂蚁系统（Ant System with elitist strategy，ASelite）是最早改进的蚂蚁系统。之所以用精英策略这个词，是因为在某些方面它类似于遗传算法中所用的精英策略。总的来说，在遗传算法中，如果应用选择（Selection）、重组（Recombination）和突变（Mutation）这些遗传算子，一代中最适应的个体（一次循环中的最优解）有可能不会被保留在下一代中，在这种情况下，最适应个体的遗传信息将会丢失。因此，在遗传算法中，精英策略的思想就是为了保留住一代中最适应的个体。类似地，在ASelite中，每次循环之后给予最优解以额外的信息素量，可以使到目前为止所找出的最优解在下一循环中对蚂蚁更有吸引力。这样的解被称为全局最优解（Global-best Solution），找出这个解的蚂蚁被称为精英蚂蚁（Elitistants）。信息素量按照下式进行更新：

$$\tau_{ij}(t+1) = \rho \tau_{ij}(t) + \Delta \tau_{ij} + \Delta \tau_{ij}^*$$

其中

$$\Delta \tau_{ij} = \sum_{k=1}^{m} \Delta \tau_{ij}^k$$

$$\Delta \tau_{ij}^k = \begin{cases} \dfrac{Q}{L_k}, & \text{蚂蚁} k \text{在本次循环中经过边 }(i,j) \\ 0, & \text{其他} \end{cases}$$

$$\Delta \tau^* = \begin{cases} \sigma \cdot \dfrac{Q}{L^*}, & \text{边 }(i,j)\text{ 是所在找出的最优解的一部分} \\ 0, & \text{其他} \end{cases}$$

式中，$\Delta \tau^*$——精英蚂蚁引起的路径（i,j）上信息素量的增加。

和蚂蚁系统一样，带精英策略的蚂蚁系统有一个缺点：若在进化过程中，解的总质量提高了，解元素之间的距离减小了，导致选择概率的差异也随之减少，使搜索过程不会集中到目前为止所找出的最优解的附近，从而阻止了对更优解的进一步搜索。当路径长度变得非常接近，特别是当很多蚂蚁沿着局部最优的路径行进时，则对短路径的增强作用被削弱了。

（二）最大—最小蚂蚁系统

最大—最小蚂蚁系统（Max-Min Ant System，MMAS）是目前为止求解 TSP 和 QAP 等问题最好的蚁群算法模型。与 AS 算法相比，MMAS 算法主要做了如下改进：①每次迭代结束后，只有最优解路径上的信息被更新，从而更好地利用了历史信息；②为了避免算法过早地收敛于局部最优解，将各路径上的信息素限制于 $[\tau_{\min}, \tau_{\max}]$ 中，超出这个范围的值被强制设为 $\tau_{\min}$ 或 $\tau_{\max}$；③初始时刻，各条路径上的信息素的初始值设为 $\tau_{\max}$，ρ 取较小值时，算法具有更好地发现较好解的能力。所有的蚂蚁都完成一次迭代后，按照下式对路径上的信息做全局更新：

$$\tau_{ij}(t+1) = \rho\tau_{ij}(t) + \sum_{k=1}^{m}\Delta\tau_{ij}^{r}(t)$$

$$\Delta\tau_{ij}^{r}(t) = \begin{cases} \dfrac{1}{L_0^k(t)}, & \text{蚂蚁}k\text{经过的边 }(i,j)\text{ 是最优解路径} \\ 0, & \text{其他} \end{cases}$$

（三）基于排序的蚂蚁系统

每次迭代完成后，蚂蚁所经路径按从小到大的顺序排列，并对它们赋予不同权值，路径越短，权值越大。全局最优解权值为 w，第 r 个最优解的权值为 $\max\{0, w-r\}$。

信息素更新：

$$\tau_{ij}(t+1) = (1-\rho)\tau_{ij}(t) + \sum_{r=1}^{w-1}(w-r)\Delta\tau_{ij}^{r}(t) + w\Delta\tau_{ij}^{gb}(t), \rho \in (0,1)$$

$$\Delta\tau_{ij}^{r}(t) = 1/L^{r}(t), \Delta\tau_{ij}^{gb}(t) = 1/L^{gb}$$

第三节 人工蜂群算法

一、人工蜂群算法原理

蜂群是一种社会化的昆虫群体。蜂群中的个体可以扮演不同的角色，完成筑巢、觅食、生育后代、哺育后代、抵御敌人等任务，并能自发地相互交换角色。受蜂群生物学特性启发，引申出了两种实现方法：一种是受蜜蜂交配和繁殖行为启发的，由 Abbass 开发的蜜蜂交配优化（Bee Mating Optimization，BMO）策略；另一种是从蜜蜂寻找优质蜜源得到的灵感，也就是本书将重点讲述的人工蜂群算法。

蜜蜂是成群生活的，群体中包含三种类型的蜂：蜂王、雄蜂及工蜂。而工蜂根据年龄又分为保育蜂、筑巢蜂及采蜜蜂三种。一般情况下，大部分的工蜂都是留在蜂巢内，只有很少一部分充当侦察蜂在蜂巢周围寻找蜜源。当侦察蜂发现了优质的蜜源或者是适合的采蜜地点，其自身角色就变成采蜜蜂，同时记录蜂蜜的数量、位置，是否易于采集等有关蜜源的信息，最后返回蜂巢。采蜜蜂回到蜂巢后，其通过在蜂巢中的"跳舞区"跳"8"字型舞来通知其他蜜蜂有关花蜜来源的信息，其跳舞时间的长短以及兴奋的程度代表了有关花蜜来源的质量。跟随蜂等候在"跳舞区"通过采蜜蜂传达的信息选择蜜源进行下一步采集。正是在这种机制下，整个蜂群被引导到优质的蜜源。蜜蜂种群的觅食策略不仅使蜜蜂作为个体获得最大利益，而且可对所发现的花蜜状态的改变进行正确、及时的响应，此时若出现更优质的蜜源时，侦察蜂能快速的告知其他采蜜蜂去开采更优质的蜜源。

基于这样的蜜蜂采蜜流程，用其中的食物源（Food Source）代表解空间中存在的所有可能解，收益度（Profitability）大小即适应度函数值的大小来评估食物源，并假设种群大小为 N_s、采蜜蜂的规模为 N_e、跟随蜂的规模为 N_u（一般情况下 $N_e = N_u$）、维度为 D，S^{N_e} 为采蜜蜂种群空间，则人工蜂群算法实现的基本步骤如下。

（1）初始化阶段，初始化设置食物源个数 N、最大迭代次数（maxCyele），最大局部寻优次数（Limit），并根据下式随机生成可行解空间。

$$X_i^j = X_{min^j} + \text{rand}(0,1)\left(X_{max^j} - X_{min^j}\right)$$

式中，$j \in \{1,2,\cdots,D\}$——D 个维度中的某一维；

X_i^j——随机生成的可行解空间；

X_{min}——可搜索空间的下限；

X_{max}——可搜索空间的上限。

（2）采蜜蜂阶段，采蜜蜂在食物源附近按照下式搜索新蜜源，比较新旧蜜源的优劣，若新蜜源的适应度值比旧蜜源的适应度值更优，则用新蜜源替代旧蜜源，否则保留旧蜜源，更新局部优化次数。

$$\text{new}\_X_i^j = X_i^j + \text{rand}()\left(X_i^j - X_k^j\right)$$

式中，$j \in \{1,2,\cdots,D\}, k \in \{1,2,\cdots,N_e\}$，$k \neq i$ 且 k、i 随机生成；rand() 从 (-1,1) 范围内随意选择；

$\text{new}\_X_i^j$——新蜜源的位置；

X_i^j——当前蜜源的位置；

X_k^j——索引值为 k 的蜜源位置。

（3）跟随蜂阶段，跟随蜂按照如下式的轮盘赌方式选择蜜源，在选择的蜜源附近按上式继续开采新蜜源，若蜜源没有被更新，更新局部优化次数。

$$P_i = \frac{fit_i}{\sum_{n=r}^{N} fit_i}$$

式中，fit_i——第 i 个蜜源的适应度值；

N——蜜源数量。

（4）若某只采蜜蜂、跟随蜂的搜索次数 Bas_i 达到寻优次数限制 Limit 依旧没发现更优蜜源时，则放弃此蜜源，同时采蜜蜂或跟随蜂转化为侦察蜂，根据下式重新随机选取新蜜源。

$$X_i(n) = X_{\min} + \text{rand}(0,1)(X_{\max} - X_{\min}) \quad Bas_i \geqslant \text{Limit}$$

式中，$X_i(n)$ ——随机生成的可行解空间；

$X_{\min}$ ——可搜索空间的下限；

$X_{\max}$ ——可搜索空间的上限。

（5）假设满足停止条件，则得到需要的优化参数以及适应度值，若不满足，则重新进入步骤（2）。

二、人工蜂群算法的改进

虽然人工蜂群算法具有鲁棒性强、参数设置少等优势，但其在实际应用当中与其他群体智能方法一样，存在着易陷入局部最优值、算法迭代周期较长、无法平衡探索和开发能力等问题，这里从其执行方式、搜索机制等角度出发，对算法进行改进，并进行验证。

（一）并行 ABC 算法

作为一种基于群体行为对给定目标进行优化的启发式搜索方法，由于需要在优化过程中反复迭代，当种群规模大、待优化问题复杂时，人工蜂群算法往往执行时间过长。而在真实自然界中，当所有蜜蜂寻找蜜源时，它们会同时搜索自己的任务范围，并独立地将花蜜的信息带到蜂巢。这种行为具有明显的并行性特征。同样地，当蜜蜂把它们的信息带回蜂巢进行信息共享时，其他蜜蜂也不会停止寻找它们自己的蜜源。这种行为也是自然并行性的表现。可以认为，受蜜蜂采蜜行为启发的人工蜂群算法也具有并行性。

所谓并行处理就是同时处理多个计算程序，传统处理器典型的设计是使用单线程尽可能快的执行应用程序。随着科技的进步，多核 CPU 和 GPU 被设计出来，用于同时执行多个线程，提高执行效率。本节将分别从多核 CPU 和 GPU 的角度出发，对如何改进并行蜂群算法进行探讨。

1. 多核 CPU 并行原理

群体智能算法的迭代循环是时间复杂度增加的主要原因。循环分为两种：一种是固定次数的循环，另外一种是非固定次数的循环。如果能够提高循环的计算效率，那么将有效压缩程序计算时间。Matlab 给我们提供了 parfor 语句，用于将程序中的 for 循环进行多核或多处理器并行处理。

Parfor 是 parallel for 的缩写，是 Matlab 实现多核并行计算的一种方式。其主要针对程序中的 for 循环进行操作，将 for 循环划分为若干独立、互不相关的部分，每个部分交由不同的进程（worker）并行执行，最终将处理结果进行汇总，从而提高算法执行效率。考虑 parfor 语句本身循环内部也有通信消耗，它并不适合小计算量的程序结构，而更适用于程序需要进行大量的简单计算循环或需要进行复杂计算的循环。与此同时还要保证并行后各个任务之间不会出现数据的依赖或传递，从而最大限度减少耗费的时间成本。

基于 parfor 函数的程序并行化处理需要执行以下三个步骤：首先，调用 parpool 函数创建并行池，设置进行并行计算的进程数量（也就是 CPU 核的数量）；其次使用 parfor 函数对需要并行操作的循环进行定义整个需要并行处理的程序；最后，使用 delete 函数关闭并行池。

在利用 parfor 函数进行并行化处理时，需要注意以下三点：

（1）在 parpool 循环中，Matlab 中的变量主要分为 loop 变量、sliced 变量、broadcast 变量、reduction 变量及 temporary 变量五种。在进行程序并行化中，parpool 中出现的变量若不属于上面五种变量的某一种，则代码编辑器会提示错误。

（2）循环次数 n 最好能整除 worker 的个数 m，否则部分 worker 会分配较多的循环，造成一部分 worker 在某段时间闲置，减少了并行性。

（3）并行执行时各个 worker 之间会进行通信，要注意大量传输数据带来的性能下降。

在 parfor 函数的基础上，这里提出的并行人工蜂群算法将不改变传统蜂群算法的结构，仍采用只有一个种群的主从式并行模型，而在耗时最多的初始适应度函数计算和采蜜蜂阶段做并行处理。其中的加速主要针对占用大量运算时间的 for 循环，将其划分为若干等份，每个部分交由多核 CPU 中不同的核执行。并行人工蜂群算法实现的基本步骤如下：

（1）算法的初始化。主线程完成算法的初始化，初始化食物源个数 N、最大局部寻优次数，维度表示待优化的任务集。

（2）计算每个食物源的适应度值。算法进入并行区，并行计算每个食物源的适应度值，将种群平均分配到 CPU 的 6 个核中，执行并行计算，所有蜂的适应度计算完成后继续执行。

（3）采蜜蜂更新食物源。算法进入并行区，在采蜜蜂阶段将采蜜蜂群分成 6 等份，然后将等分的种群分配在 CPU 每个核上进行并行加速。采蜜蜂按照公式 $new\_X_i = X_i^j + rand()(X_i^j - X_k^j)$ 需要对每个解采取邻域搜索的操作，同时评价得到新解的适应度。6 等分的采蜜蜂在 CPU 的 6 个核内独立完成各自的任务。

（4）跟随蜂更新食物源。跟随蜂按照轮盘赌方式选择食物源，并在其附近按照 $P_i = \dfrac{fit_i}{\sum_{n=f}^{N} fit_i}$ 搜索新蜜源。

（5）侦察蜂更新食物源。若采蜜蜂、跟随蜂搜寻次数超过限定次数 Limit，仍然没有找到更优适应度的蜜源，则放弃蜜源，同时蜜蜂由采蜜蜂或者跟随蜂转化为侦察蜂，并随机产生一个新的蜜源。

（6）达到最大循环次数。记录当前所有蜜蜂找到的最优蜜源（全局最优解），并跳至第（3）步，直到满足最大迭代次数时输出全局最优位置。

2. 基于 GPU 的并行原理

多核 CPU 能够将多个进程分散到各个核上去执行，从而提高运算效率，但由于半导体的物理属性限制，芯片上的晶体管数量已经基本趋于饱和，也就是说 CPU 性能已经出现了瓶颈。而随着图形处理器（Graphics Processing Unit, GPU）的出现，很多重要的密集型并行计算都交给 GPU 直接处理、计算，这是由于其由数量众多的计算单元和超长的流水线组成，更适合处理类型高度统一、相互无依赖的大规模数据和不需要被打断的纯净的计算环境。

当CPU处理器完成数字处理后，需要将数据从主机内存传输到GPU内存中，或者直接在GPU处理器中创建一个数值数组。可以通过gpuArray函数完成。由于Matlab的数据存储和显示功能只能处理主机内存的数值数组，因此需要使用GPU处理器来完成数值处理，数据计算结果需要从CPU传输到主机内存。收集函数将数值数组从GPU传输到中央处理器。创建GPU数据后，我们可以直接调用功能来处理。

GPU上的并行人工蜂群算法不改变蜂群算法的基本结构，仅维护一个主从并行模型。计算适应度的耗时部分和雇佣蜂阶段使用gpuArray并行执行。

其具体步骤为：

（1）计算各食物源的适应度值：算法进入平行区域，并行计算各食物源的适应度值。本算法使用的硬件环境为CPU i7-7700和CPU CTX1060，使用gpuAray将解决方案放到GPU上。

（2）蜜蜂更新食物来源：采蜜蜂根据 $new\_X_i = X_i^j + \text{rand}()(X_i^j - X_k^j)$ 在食物源附近寻找新的蜜源。搜索完成后，在CPU上计算适应度并使用gpuArray存储在GPU上。如果新的食物源比旧的食物源好，那么旧的食物源就会被新的食物源取代，否则旧的食物源仍然被保留，局部搜索次数会增加。

（二）全维搜索ABC算法及其并行化

ABC中的采蜜蜂通过 $new\_X_i = X_i^j + \text{rand}()(X_i^j - X_k^j)$ 随机选择食物源 x_i 的某一维进行搜索，即每次迭代更新的维度都不同，若在这个维度上存在更优解，下次迭代时又随机选择其他维度，造成质量更好的维度未被进一步开发，之后由于超过更新的限制值导致该解被抛弃。这样会使算法错过很多达到全局最优的时机，同时算法求得最优解的时间也会相应增加。

基于此，这里引入全维人工蜂群算法（full-dimensional ABC，fdABC），在每次迭代中，都会更新解的所有维度，从而扩大搜索范围，提高搜索能力。

实现 fdABC 算法的步骤，其可分为如下五步。

（1）初始化阶段：初始化食物源、种群、最大迭代次数。

（2）采蜜蜂阶段：根据 $new\_X_i = X_i^j + \text{rand}()(X_i^j - X_k^j)$ 对解进行搜索，范围为从 0 到解的整个维度空间的邻域搜索。比较适应度的值，假如进行邻域搜索更新后的解优于更新前的解，则其替代更新前的解，同时围绕所获得的解继续展开搜索，直至搜索完所有维度才停止。

（3）跟随蜂阶段，根据概率式 $P_i = \dfrac{fit_i}{\sum_{n=f}^{N} fit_i}$，利用轮盘赌策略选择食物源，有方向的跟随采蜜蜂。跟随蜂阶段的更新策略与采蜜蜂阶段相同。

（4）侦察蜂阶段，假如迭代达到极限阈值，没有找到更好的解决方案，侦察蜂将随机更新解，同时继续更新迭代。

（5）记录到目前为止得到的全局最优解，跳至步骤（2），直到满足最大迭代次数。

通过这一过程，能够较好地覆盖解的所有维度，避免随机选择维度进行更新造成的收敛速度慢等问题，提高了得到最优解的概率。

虽然增加了寻优到最优解的概率，避免过早收敛，但 fdABC 算法在更新过程中需要搜索更多的维度，这样就会使计算量增加，从而增大程序的时间花销。为了减少全维搜索带来的寻优时间的增加，引入并行搜索策略提高算法的效率，我们称为并行全维 ABC（Parallel full-dimensional ABC，PfdABC）。该方法不改变 fdABC 算法的结构，只在计算初始适应度函数以及采蜜蜂阶段进行并行化，主要步骤如下。

①初始化阶段，初始化食物源、种群、最大迭代次数和局部搜索次数。

②计算适应度值。初始种群根据 CPU 的核数被分为六部分，在不同的 CPU 核下并行计算解的适应度。

③采蜜蜂更新阶段，在 CPU 的 6 个核心中均分所有采蜜蜂，同时每个解都进行全维搜索。

④跟随蜂和侦察蜂阶段的搜索更新策略与 fdABC 算法一样。

（三）随机多维人工蜂群算法

对于传统 ABC 算法随机更新其中一个维度而错失最优解、全维 ABC 算法覆盖所有解的维度造成搜索时间变长的问题，本节对两种算法进行折中，在采蜜蜂以及跟随蜂阶段随机更新解的任意几个维度，称为随机多维人工蜂群（Random multi-dlimensional ABC，RmdABC）算法。显然，随着搜索维数的减少，RmdABC 算法大幅缩短了运行时间。

（四）改进多维搜索 ABC 算法

上节提出的随机多维 ABC 算法相比 ABC 算法，能够覆盖更多的维度，但占用更多的寻优时间，而相比全维 ABC 算法能够有效提高算法执行效率，但解的质量会有影响。在这样的情况下，本节提出一种改进多维度 ABC 算法（Improve Multi-dimensional ABC，IMABC），在提高解的精度的同时，设法降低算法的时间复杂度。

该算法在第一次迭代时，搜索蜜源的所有维度，并把相对最优的维度保存在外部文档中。在采蜜蜂阶段，利用 $new\_X_i = X_i^j + \text{rand}()(X_i^j - X_k^j)$ 对解的各维度进行邻域搜索和更新。假如迭代更新后的解优于旧解，则用更新后的解及其相应的维数替代旧解。在跟随蜂阶段，由式 $X_i(n) = X_{\min} + \text{rand}(0,1)(X_{\max} - X_{\min})\text{Bas}_i \geqslant \text{Limit}$ 进行概率选择，基于采蜜蜂阶段最优维度，进行多维度邻域更新搜索。在侦察蜂阶段，假设局部搜索达到预先设定的值，则随机生成新的蜜源，同时使用更新后的解计算适应度值。

进入下一次迭代，将着重围绕选出的相对最优的维度，进行进一步的开发和更新，也就是重点搜索外部文件临时保存的维度，并重复上述过程。

第八章 人工智能多领域的应用实践

第一节 人工智能在医疗信息服务中的应用

一、人工智能在医疗信息服务中的应用场景

（一）人工智能在综合医院系统信息服务中的应用

综合医院主要是针对危、重、急和疑难杂症病情的治疗服务，人工智能在综合医院系统信息服务中的应用涉及了很多方面，但从目前看，主要侧重于医院管理信息服务、医学影像信息服务、辅助诊断信息服务三方面。

1. 医院管理信息服务

对于医院管理来说，就是将医院作为管理对象的一种科学化管理行为，主要包括医院医疗、教学、科研等方面的服务。针对人、物、信息、时间等方面来进行计划和组织活动，最终目的是实现医院各项医疗资源的优化利用。

传统的医院管理信息服务方式主要通过人力资源来进行相应的信息服务，医护人员的工作负担相对来说比较大。通过人工智能信息技术，能够有效地缓解医护人员的工作压力，对大量复杂的行政信息进行妥善的处理，有效提升医院的信息服务效率。另外人工智能在大数据分析及深度学习的基础上，能够为医院管理者提供决策信息。对比欧美等国家，我国医院智能化管理的水平相对比较低，依旧处于智能化技术的最初应用阶段。如今我国医院正处于数字化转型发展的关键阶段，在这一次疫情中，线上医疗信息服务和智慧管理机制发挥出了非常重要的作用，极大地推动了医院管理信息服务的创新发展。

人工智能在医院管理信息服务方面的应用主要体现在优化医疗资源配置和弥补医院管理漏洞这两个方面，能够在一定程度上提升医院的医疗信息服务效率。

（1）优化医疗资源配置。

人工智能是基于大数据信息系统从宏观层面进行医疗信息资源的协调优化配置，并且能够按照电子病历以及既往病史等相应的信息，分析当前患者哪些急需救治和所需要的救治手段，更好地实现对医疗资源的分配，为患者提供针对性的医疗资源和信息服务，还能够有效地优化医疗服务的先后顺序，最大限度满足患者的诉求。相对于传统方式，人工智能能够有效地弥补传统人工管理模式中所存在的不足，人工智能能够根据医院已有的信息进行建模，训练出一套精准的算法来完成当前医院信息系统的更新，从而使医疗资源利用率和医院管理效率得到大幅提高。

（2）弥补医院管理漏洞。

人工智能系统能够有效地获取以往患者对于医院的评价信息，从而总结当前医院在医疗服务中所存在的问题，经过分析后，给出更加科学的解决对策。主要目的是能有效提升患者对于医院的满意度。在最近几年，以患者为中心的医疗理念得到了社会大众的广泛认可，人工智能能够从点评网站、社交平台、医院信息反馈表、新闻媒体等多种渠道来收集患者对于医院的评价信息，在自然语言处理技术的基础上，进行非结构化的数据处理活动，通过系统的整理和分析来明确评价信息背后的真实含义。最后针对所得到的信息进行可视化图表的设计，并呈现给医院的管理人员，同时告知管理者当前医院的不足，可以通过哪些方式进行整改，给医院管理者提供一系列决策信息。

在信息收集方面，人工智能能够有效地提升信息收集的效率和质量。同时还能够针对所收集到的信息进行全面的分析研究。如果是使用人工来进行信息收集和处理，那么所花费的时间会非常多。人工智能系统能够实现对数据信息的高效化处理，将信息收集和处理的时间缩短到几个小时或者是几天的时间，能够有效地减少工作量、提升工作效率。医院传统的调查方式存在形式单一、反馈有限等问题，而人工智能能够从内部和外部多个渠道收集客户对医院的真实评价信息。以往的医院满意度调查是人工操作，而满意度调查有可能直接影响各个部门的绩效考核等相关利益，因此调查项目可能流于形式。而人工智能完全由机器进行信息分析，不带有任何主观的情感和利益考量，能给出客观、公正的调查信息。

对比传统的数据信息收集和处理模式来说，人工智能的辐射范围相对比较大，能够有效地收集患者所反馈的信息，同时还能够有效地降低信息分析方面的时间成本，规避人为主观因素的影响，提升结论的客观性和科学性，有效地发挥其重要性。

2. 医学影像信息服务

医学影像信息服务是将人工智能应用在医学影像信息分析中，为医护工作人员提供更加全面的影像信息。人工智能医学影像信息服务主要依托图像识别和深度学习两项技术，通过图像识别和深度学习对图像进行全面分析，获取有效的图像信息，帮助医生查找病因信息，有效地提升在病因方面的诊断水平，输出个性化的诊疗判断信息。

人工智能应用于医学影像的优势：第一，将信息及时地输送给医护人员。在如今的信息技术领域中，医学成像的便利性比较高，并且图片的分辨率较高，医生所需要观看的影像数量也比较多，医生需要了解整个图像中的所有信息。人工智能技术能够针对人体脏器进行定位和分类，并且将其中存在疑点的位置信息进行标注，这就相当于为医生排除了各项干扰因素，将医生所需的信息充分展示出来。第二，为医生提供定量分析工作，医生通常来说在定性分析方面的能力比较强，在看见了医学影像图片之后便会按照自己的经验来判断病灶信息，但需要一些工具进行精准的判断，需要多种模态分析和历史图像信息比较等方面的研究，此时人工智能就可以很好地进行图像信息定量分析。

3. 辅助诊断信息服务

人工智能辅助诊断信息服务的重点，在于通过语音电子病历、导诊机器人和虚拟助理等系统来对患者进行医疗信息服务。

（1）语音电子病历。

语音电子病历是一种建立在语音识别技术基础上的患者信息电子化记录，能够对患者的病例信息进行管理和保存，并且能够从数字化信息的角度明确患者在医疗服务方面的具体状况。人工智能能够通过自然语言，来进行病例语言的标准化以及统一化处理。同时能够关联病种进行相关信息的统计，还可以通过语音的识别和合成完成人机交互和文本转录，达到记录信息的目的。

相比于医生手工进行电子病历信息录入，人工智能的语音录入功能能够有效地区别其他的语音系统，其中最为常用的语音录入结构，主要包括语音识别、语义分析、智能纠错三个部分。

智能语音录入全过程由医疗领域语言数据模型进行支撑，该数据由定制语音模型而来，针对各个科室的信息进行全面的梳理和分析研究，从而实现对各个科室常用病症以及药品名称等相关信息的输入和总结。为了能够有效地克服在嘈杂环境中的使用问题，提升对医学专用语言的识别，以及分析水平，加强对不同口音和不用语速的吸收和识别能力，智能语音录入系统需要反复进行自我学习，逐渐提升识别准确率。

（2）导诊机器人。

导诊机器人主要基于语音识别、人脸识别、自然语言理解等技术，通过后台连接医院信息系统，提供导诊、挂号、科室分布、身份识别、知识普及等医疗信息服务。在医院高峰期人满为患的情况下，用于及时响应就医指导和引导分诊，分担医院压力。

导诊机器人通过使用语音识别技术，使患者能够通过语音的方式和机器人进行交互，同时机器人以语音来反馈患者信息。通过使用人脸识别技术对大量人脸照片标注学习，使机器人能辨识出一张照片中是否有人脸，当患者站在机器人面前时，机器人能检测到人脸，然后主动进行问候，开启和患者的信息交流。通过自然语言理解技术，导诊机器人能够有效地了解患者在就诊方面的信息需求，随后对患者的需求进行深入的分析，按照预先所设定的知识图谱进行数据库的检索和相应的计算，实时给予患者相应的需求信息。

导诊机器人掌握常见病症相对应的科室信息及专家医生信息，能够快速准确的指导患者就医，引导分诊，推荐合适的科室与医生，进行科室挂号指导，方便患者提前预约挂号，提高了患者挂号准确率及医生看病接诊效率，患者还可以根据导诊机器人宣教的医疗知识，加深对相关疾病的了解。导诊机器人在交互过程中的回答准确率能够超过90%，它对患者提供的信息服务提升了患者就医体验的满意度。

（3）虚拟助理。

虚拟助理涉及了自然语言处理、机器学习等人工智能领域有关技术，是通过构建疾病数据库，完成人机交互的问诊信息服务。患者在身体不适的时候，虚拟助理从语言交互性的层面充分了解患者的个人基本信息、过敏史、病症等信息，将所得到的信息自动存储到系统中，生成初步诊断信息报告，让患者对自己身体疾病的判断更便捷、更准确。虚拟助理基于疾病数据库，能够帮助患者反馈问诊信息。

（二）人工智能在社区卫生系统信息服务中的应用

社区卫生服务主要是针对社区居民的医疗服务，是多以常见病、基础病和慢性病为主的治疗服务。人工智能在社区卫生系统信息服务中的应用主要侧重于健康筛查信息服务、慢病管理信息服务、疾病转诊信息服务三方面。

1. 健康筛查信息服务

人工智能感知技术投入使用，可提升社区居民健康筛查效率。人工智能感知技术在视觉、语音等方面取得了非常大的突破，为医疗、教育、国防等方面提供了非常好的帮助，另外人工智能感知系统在一些特定的任务方面发挥的作用远远地超过人类水平。

社区是居民的主要载体，在社区居民健康筛查过程中，基于人工智能技术的电话机器人，能够同时拨打数百个电话来进行信息采集工作，同时也能够在这一过程中，详细询问居民的出行地点、返回的时间和健康状况信息等，针对这些信息进行相应的记录，随后通过信息报告的方式进行反馈，这对于社区健康筛查有着重要的帮助。新冠肺炎疫情在世界各国蔓延的过程中，人工智能技术在社区健康筛查工作中的应用范围也在不断地扩展，比如体温监测、智能语音服务、智能防控系统等等。当前我国的人工智能技术在无接触式体温检测中的应用效率最为突出，通过社区卫生系统，能够有效地实现对居民信息的收集、整理和筛查，这对于遏制疫情的蔓延起着重要的作用。人工智能技术能够通过社区居民出行轨迹、社交信息、消费信息等进行科学建模，在模型的基础上，分析交叉感染的地点和时间，明确病毒的传播路径以及传播范围，及时上报信息到社区卫生系统。

2. 慢病管理信息服务

社区卫生服务以慢性病和基础病服务为主。将人工智能技术应用于社区卫生系统慢病管理，分析患者的病历和身体指标等信息，通过各种自然语言进行信息处理，以及通过语音技术满足患者的信息需求，持续不断地对患者病情变化进行相应的信息采集和处理，甚至可以根据患者的病情自动给出预警信息。用人工智能进行社区卫生系统的慢病管理和异常监测信息服务，提升社区慢病管理信息服务的质量。

（1）收集患者健康数据。

慢性病患者通过可穿戴设备对生理指标如血压、血糖等进行实时监测，人工智能对照知识库来对监测的数据做出分析，根据其健康情况给出较为科学恰当的评估，并提供医疗救助信息。可穿戴设备还能够根据对慢性病患者的呼吸和睡眠情况，进行全面的检测和分析研究，再从所得到的信息来对比数据库中的信息。这样就能够有效地评估当前患者的健康状况，也能够及时地找出诱发疾病的隐患信息，使患者更好地进行慢病管理。人工智能技术结合医疗健康可穿戴设备，可以持续性地全面监测慢性病患者的生理参数，还可以对疾病风险进行相应的预测和分析，这是一项双向的数据传输和在线沟通行为，对于患者更好地掌握自身健康水平和医生设计治疗方案以及术后康复等工作都有着重要的影响。在这一过程中，可以提升患者的健康管理意识，从而让患者能够积极地实施慢性病管理。

通过收集患者的健康数据，用人工智能对数据进行分析，从不同慢性病的角度进行不同评估模型的设计。在对社区居民进行慢性病跟踪调查的时候，提出针对性的指导意见，有效地明确在慢性病防控方面的重点内容。

智能血糖仪的出现，可以切实强化糖尿病患者的治疗依从性，较大程度地影响患者的自我管理。该设备仅需几秒钟就可以将血糖浓度测量出来，并检测出患者的血糖指标信息，对糖尿病患者实时监测自己的血糖指标提供了便捷性。人工智能设备的出现和不断更新，可以优化对慢性病的管理，帮助患者达到最佳的治疗效果。

（2）健康干预。

慢性病管理重点是对患者进行健康干预，从而纠正他们不当的生活方式，引导他们形成健康的生活习惯，从多个方面给予细致化、全方位的管理，包括饮食指导等。这样体现不但可以切实优化治疗成效、节省医疗资源，而且可以实现高效率管理慢性病。以人工智能技术为基础的健康干预可以通过语音对患者进行用药提醒，患者能够在用药提醒APP语音提示下按照规定的时间服药，并且明确所服用药物的信息。

（三）人工智能在家庭健康系统信息服务中的应用

家庭一般侧重于预防保健和健康管理。人工智能在家庭健康系统信息服务中的应用，主要在自诊导诊信息服务、疾病预测信息服务、健康管理信息服务三方面。

1. 自诊导诊信息服务

人工智能自诊导诊是通过交互性机器人解答家庭用户咨询的医疗信息，缓解医疗工作人员的工作压力，提升用户的就医服务体验。

智能自诊是"百姓医生"APP的一项核心功能，由"百姓医生"的医学团队和技术团队历时4年多完成，以大量的临床研究、临床数据、临床路径、医学书籍、专家意见等为基础，采用经典教科书对疾病的诊测方法，加上基于人工智能和大数据的特殊算法（9500多种症状和85000多条权重）推导出疾病，用户可以通过提供基本信息、症状和检查指标，推导出最可能患有的疾病，目前可智能自诊4200多种疾病，将生活中比较常见的疾病都归入系统，并且保持信息的同步更新。"百姓医生"APP希望为那些身体略有不适和已经在医院看过病或在体检中心体检过的用户提供一个很好的自诊工具，希望能为用户提供"早发现，早治疗，防误诊"的信息服务。

智能自诊导诊实现的流程：

一是用户输入基本信息：性别、年龄、病情。

二是通过选择或搜索来选择自己可以确定的症状或检查指标，症状或检查指标可以同时选择，至少选择一个，最多可选择10个。

三是选择伴随症状，没有可以不选择。

四是得出智能自诊结果，列出可能患有的疾病列表、概率及对应的推荐就诊科室。

智能自诊导诊的实现原理：首先需要建立完善的疾病知识图谱（先验知识），知识图谱的建立源于医学书籍、临床研究、临床数据库、临床路径、专家意见等，也就是我们在APP中看到的疾病大全功能；然后对疾病数据的特征进行分析，数据标准化，如疾病对应的典型人群（儿童、青少年、中年人、孕产妇、老年人）、病情（急性和慢性）、临床表现、辅助检查、诊断和鉴别诊断等，这些因素都会影响最终的决策。

疾病数据进行标准化后需要通过训练来挖掘症状和检查指标与疾病之间的关系，从中获得疾病分类模型（诊断依据）和经验知识（权重），疾病中的诊断依据是通过训练获得的，每个疾病对应的诊断依据就是一个分类模型，诊断依据中包含了临床表现症状和检查指标，检查指标包含了血尿常规、肝功能、B超、脑电图、CT等全部的检查项目，每条症状和检查指标都有对应的权重，自诊结果中的患病概率实际上是计算权重后的结果。

2. 疾病预测信息服务

人工智能信息技术能够有效地实现对人们疾病的预测。借助人工智能算法，研究人员能够从家庭成员的可穿戴设备中收集个人的生命体征信息、电子病历、体检信息等，在这一基础上建立个人患病风险评估模型，以此来自动筛查与疾病相关的因素。在人工智能算法的不断改进以及信息技术不断提升的过程中，充足的特征数据源为人工智能技术在疾病预测中的应用提供了源源不断的"燃料"。

利用人工智能技术进行疾病预测建模的主要技术点如下：

（1）数据预处理。

用于疾病预测的输入数据，比如电子病历经常存在字段缺失或者数据异常的情况，导致特征无法提取或者给建模造成噪声，所以还需要针对输入的数据信息进行去噪、缺失值填充等方面的处理工作。

（2）特征选择。

在疾病预测应用中，预测的特征因子可能还包括天气、舆情、人口等数据。

在疾病预测方面每一位患者的数据信息以及病情状况等方面的数据非常多，有些达到了上千维。所以在使用机器学习算法建模的时候，为了能够有效地避免大量冗余信息的影响，还需要对特征模型进行去噪等方面的操作，选择具有现实意义的数据以及特征来进行模型分析，以此提升疾病预测结论的有效性和科学性。

（3）模型选择。

近年来，由于深度学习算法在处理高维复杂的结构化数据以及非结构数据时表现出优秀的算法性能，已有一些研究利用深度学习算法建立疾病预测模型，采用卷积神经网络（CNN）、循环神经网络（RNN）对电子病历数据、医学图像以及语音数据进行分析，预测个人患病风险。

人工智能若要参与到疾病的筛查和预测活动中去，还应该从人的行为、生化检验结果以及影像图片等多方面信息来进行科学的判断。

人工智能在疾病筛查和预测的过程中除了需要对个体的生化检验信息以及影像信息进行分析研究之外，还需要从语言、文字、健康状况等多个指标来进行全面的分析研究，其中语言和文字所形成的规律也将会被系统进行详细的分析和识别，通过相应的分析，所得出的信息能够更好地进行潜在疾病的预测。

人工智能技术在个人疾病筛查方面的应用能够有效地帮助高危人群进行疾病筛查活动，从而尽早地发现疾病的发展趋势，有效地提升在疾病预防方面的意识。通过患病因素的分析和研究来建立健康信息服务，比如说个人健康顾问及预防治疗措施等等，这也是未来人工智能在疾病预测领域上的发展方向。

3. 健康管理信息服务

健康管理信息服务是将被动的疾病治疗行为转变成为主动发现和预防的一种控制性行为，从对个体身体指标的监测角度上来发现潜在的疾病隐患信息，重点体现在对信息的采集以及监测等方面，由人工智能系统对采集的数据进行智能化的分析，从而为人类的健康提供信息服务。

家庭健康信息非常的复杂，从信息来源角度上来说主要存在生理信息、环境信息、社交信息等多种信息来源。基于家庭健康信息，人工智能能够有效地加强家庭健康管理，通过可穿戴设备来实现对家庭成员身体指标的全方位监督，从而有效地发现人体内部潜在的各种风险指标，给出相应的改善策略。受到传感器以及硬件设备等方面的影响，再加上疾病数据的累积相对比较差，所以目前主要应用在以下六个方面。

（1）疾病预防。

疾病预防通过对用户生活习惯、饮食习惯、锻炼周期等相关数据的收集，来进行全面的分析，对比健康状态时的信息指标，让用户更好地掌握当前的身体状况信息，为纠正不良行为习惯提供基础。

（2）精神健康。

用人工智能对用户的语言、声音、表情等指标信息进行相应的分析，明确正常状况和异常状况的区别，检测用户的精神状态。

（3）运动管理。

运动管理是从可穿戴设备的传感器来收集用户的运动数据信息，从而帮助用户调整自身节奏，保证运动的健康性和安全性。

（4）睡眠监测。

睡眠监测是健康管理领域上一个重要的发展方向，不过当前还处于最初的探索研究阶段。芬兰制造商 Beddit Sleep Monitor 研发的睡眠监测设备，能够对用户的心脏、肺和其他身体功能进行监测。通过与手机结合来实现对用户睡眠习惯的监测，主要包括用户的打鼾、睡眠时间、起床次数，以及进入深度睡眠的总时间等信息指标。能够在用户进入睡眠状态之后对用户睡眠质量进行打分，另外就是对周边影响用户睡眠质量的因素进行相应的分析。

（5）母婴健康管理。

人工智能在母婴健康管理领域上的应用主要包括在两个方面，一是对女性受孕前后的数据监测，从智能硬件设备和可穿戴设备对个体的生理症状以及情绪状态等指标进行全面的检测；二是育儿知识问答方面，从母婴健康到孕育新的生命，再到宝宝成长，包括了在心理情感以及形体等方面的信息变化状况。

（6）老年人护理。

老年人护理的重点就在于健康安全监测方面，应用人工智能家庭健康系统来对老年人身体健康进行监测，从而做出突发性状况的救助工作。系统通过分散在家庭中的传感器来收集相应的数据信息，当出现异常现象的时候会在第一时间通知家人。系统还会建立老年人的生活基线，一旦出现意外状况，系统就会预警，从而让家人在第一时间知道老年人的实际状况。例如每天老年人是七点半起床，但是这一天八点还没有感知到老年人起床，那么系统就会将这一异常信息通知家人，让家人来确定信息。

健康管理数据的流程环节主要体现在对数据的采集、分析和行为干预三个方面。

一是数据采集。主要通过智能可穿戴设备的传感器来收集数据，并将数据传输到服务器，把不同个体的数据整合成一个大型的数据库。

二是数据分析。对采集到的数据通过加工、整理和分析，使其转化为信息。

三是行为干预。根据前期的数据采集和分析，能够对用户的健康状况、身体指标、既往病史等信息有更好地了解，还能够通过个性化推荐技术来制订更加科学的干预计划。

二、人工智能在医疗信息服务应用中的策略

（一）人工智能在综合医院系统信息服务应用中的策略

1. 提升管理的灵活性

利用人工智能系统，能够帮助医院的医护工作人员提升救治效率和诊

断的精准性，可以建立患者、医院、服务之间的闭环价值链，从诊疗、科研、管理三个方面有效地实现规范化和科学化的可持续发展。对于人工智能在医院管理中缺少灵活性的问题，有以下解决办法：

一是增加电子病历、导诊机器人等。通过增加电子病历能够让医生在对病人的病情管理当中随时查看病人的治疗信息或者恢复效果的信息，提高病人的管理的及时性和便利性，增加了医院对病人信息管理的灵活性。而导诊机器人，作为人工智能设备，能够及时地为前来医院就诊的病人提供诸如医疗科室的导航信息服务，为病人安排合理的就诊科室，从而大大提升医院病人就诊时的导诊便利性，提升医院的管理效率和灵活性。

二是优化算法，让算法更加精准。在一般的人工智能算法中进行优化，对于科室调配的算法进行改进，例如，在算法中针对有大量空床位的科室，可以在保留适当床位的情况下，把其他床位加入人工智能的算法中，从而让人工智能在进行调控上有着更多的灵活性和选择性。此外，针对当下医院建设发展的需要，改进现有的算法建模，通过改进建模让人工智能系统能够有效地弥补传统人工进行医院管理工作所造成的相关问题，使算法更加精准，并在使用中不断完善，从而实现智能管理的灵活性。

2. 增加数据获取来源

医疗影像数据按照所获取的数据来源进行分类，主要分为私有数据和开源数据两个类型。开源数据是大家都能够从互联网上免费下载相应的数据信息，同时还能够在版权限定的状况下免费使用。私有数据则是一些医疗机构在自身的商业活动和研发活动的基础上，所收集到的数据信息，不会对外公开。

开源数据集对于人工智能的飞跃式发展，有着非常重要的现实意义。有很多从业人员以及学术机构，都会从网络开源数据集中得到相应的数据信息。从某个层面上来说，开源数据能够有效地降低人工智能领域的研究门槛，从而有效地推动整个行业的繁荣发展进程。这些都是开源数据研究领域中，所具有的正向并且积极的作用。

私有数据集能够让企业独辟蹊径，扩展自己的市场份额，开阔新的发展空间，以此来规避市场恶性竞争问题。另外私有数据集也是一个比较好的技术壁垒。不过需要注意的一点就是，私有数据集的建设难度相对比较高，其自身就像是奢侈品一样，投入成本非常高，也存在较大的风险问题。当前有很多医疗影像人工智能公司都在积极的寻找新的发展方向，并且建立了合作渠道和组织资源，通过独特的疾病诊断来实现对大量数据的收集和标注，以此来建立私有的标注数据集，同时推出相应的影像人工智能产品。

3. 优化辅助诊断结果

人工智能系统需要依靠大量数据（包括图像）进行正确的训练。数据管理需要人工智能收集和标记文本、图像、音频、视频、语音和其他数据，以改进机器学习算法，当前的研究需要扩展其数据集以使其更有效。研究人员需要和医生联系以收集更大的数据池，使人工智能可以扫描海量数据，不断学习来优化辅助诊断结果。

辅助诊断需要的是海量数据的支持，为了能够优化辅助诊断结果，数据互通和避免数据垄断是非常有必要的。如今主导人工智能医疗发展的大部分公司都是业务跨级比较大的技术公司，这些公司都不是专业从事人工智能医疗设备研发的公司，能在人工智能医疗发展中抢占市场份额，得益于其掌握大量的用户数据信息，对这些公司的数据垄断加以限制，可以提升数据的互通性，优化辅助诊断结果，因此一定的数据垄断限制也是需要的。

此外，还需要加强语音识别技术的建设，我国地域广阔、语言种类繁多，当前的导诊机器人，能通过语言识别技术让患者以语言的方式与机器人进行交互。提高机器人对自然语言的理解，从而让机器人通过语言深入了解患者的实际情况，按照预先设计的知识图谱进行相应、准确的检索与计算，实时给予患者相应的反馈信息，精准地理解并满足患者的就诊需求，为患者提供有的放矢的医疗辅助。

（二）人工智能在社区卫生系统信息服务应用中的策略

1. 加强隐私数据保护

社区卫生系统利用人工智能收集居民的健康信息时，要加强对居民隐私信息的保护。各国对于个人敏感信息以及相关的健康医疗数据保护，都会进行伦理审查等方面的工作，并且在这一基础上，建立相应的法律规定。不过当前的法律体系，还无法有效地解释健康医疗等方面的权属问题，尤其是在医疗数据所有权这一方面，导致医疗数据很难实现信息共享，也出现了信息孤岛等问题，没有大数据分析作为战略资源的支持，也就不能够保障人工智能在医疗领域中的深入研究和发展。

为了能够最大限度的提升在医疗保健层面上的信息化发展，还需要充分明确数据信息在共享方面的风险问题以及所产生的效应，创建针对个人隐私的法律制度。在隐私数据保护领域中，特别是健康信息的保护，相应的制度正在形成，例如，欧美等国制定了有关健康保险数据信息的法律规定。欧盟地《通用数据保护条例》中，要求在处理个人健康数据信息之前，需要实现所有信息的匿名和假名化处理工作，其中匿名化所指的就是将患者身份信息进行移除，并且对其进行安全储存，以此来方便对身份的重新识别。人工智能在社区卫生系统信息服务应用中，应充分地提升合法收集和处理数据信息的能力，在法律规定、认可的范围内对公民医疗信息进行收集处理。当出现第三方所提供的非匿名数据时，需要按照"数据删除"的原则来操作，以加强对人们隐私数据的保护。

2.优化技术简易操作

人工智能医疗产品，属于高端科技产品，在使用时应优化技术简易操作，制定合理的操作管理机制。随着人工智能医疗设备的不断完善和发展，能够开展的医疗活动也在逐渐变多，涉及医疗领域的应用范围不断扩大，将会发挥越来越重要的作用。由于部分人工智能医疗设备本来是用于便民服务，但过于繁杂的操作导致人们在使用时的不便，因此简化操作流程是有必要的。一是优化人工智能医疗设备的操作界面，使操作界面更加整洁，使用起来更加方便快捷。二是增加快速引导和关键词识别功能，从而简化用户的使用步骤。国家要加强对人工智能医疗产品的指导，着眼于"以人为本"的理念，鼓励医疗人工智能产品的制造和应用，对于过于复杂的操作步骤，甚至绑定一些链接和软件的操作系统，要优化技术进行简易操作。

3. 信息交互服务创新

为了能够有效地解决社区卫生系统在分级诊疗实施中存在的信息分散、信息不对称等信息交互问题，通过建立医疗信息共享系统，实现从患者层面、基层诊疗机构层面、大型综合医疗服务机构层面的信息交互服务创新，让医疗信息能够实现在各级医疗机构之间的全面连通，并且在这一基础上实现对医疗信息的采集、储存、分析、应用，形成一个完整的链条。基于信息交互服务的分级诊疗机制有着在各层级医院之间嵌入大数据信息共享机制的能力，相比于社区卫生系统现有的分级诊疗体系，能够广泛通过云平台收集各层级医疗机构的病患信息，利用人工智能算法分析、精准匹配信息，对各层级医疗机构的服务实施动态分配管理，保证信息有效性。建立信息共享体系，有效地转变医疗体系中的信息传播模式，扩展信息传播的深度和广度，建立各级医疗机构诊疗信息的传递机制，创新信息交互服务，有效地解决当前分级诊疗制度中所存在的信息割裂问题，进一步提升医疗资源的优化配置效率。

（三）人工智能在家庭健康系统信息服务应用中的策略

1. 优化自诊数据处理

从目标问诊提问数据的角度上来进行相关数据的模型输入，获取用户的目标查询问诊数据，在语料库中搜索与目标查询问题数据相似的多个参考查询问题数据，并选择对应的响应数据，也能够在这一基础上得到各个问题数据的匹配置信度，以此开展系统性的研究活动。另外要进行学习模型的正样本和负样本的训练，通过问诊应答来得到相应的样本数据信息，随后将正样本中的问诊应答数据作为真实性数据，负样本问诊数据认定为伪应答数据。从问答数据信息上来选择相应的数据信息，以此来作为分析研究的标准，同时也能够将问答数据中的候选问诊应答数据进行输出，以此来加大模型的优化力度，实现对问诊数据的优化处理。

通过相应的标准来创建完善的"人工智能+医疗健康"训练资源库和标准测试数据集，实现信息共享。从基于深度学习的智能计算资源服务平台上来为其提供相应的服务，其中还包括云计算服务平台、算法与技术开放平台等等。通过"人工智能+医疗健康"基础支持体系的建设，能够有效地完善其发展环境和运行机制，从而能够不断地优化自诊数据的处理。

2. 建立算法管理准则

人工智能医疗预测诊断算法解释规则与其他规则的建立有着明显的区别，其涉及新技术的更新、新领域的探索，应当设立专门机构针对人工智能医疗预测诊断算法进行专项研究和管理，才能更好地建立算法管理准则。针对算法在人工智能医疗预测诊断中可能存在的问题，应结合相关政策规范性文件，对算法解释给出统一的执行标准和要求。既可以为算法受益人提供充分的保障，又方便日后对人工智能医疗预测诊断的算法解释给出具体的指导意见。

医疗数字化能够帮助医疗机构在信息采集等方面实现数字化的发展，但是数据同质化、共享也是当下急需解决的问题之一。在问题解决过程中，因为算法不同，导致后续数据在同质化或者共享实现过程中无法同步数据，从而导致共享失败的情况出现。针对于此，建立算法的管理标准，对不同公司的算法建立相应的标准是非常有必要的。

除此之外，需要建立健全的监管体系，做到监管体系公开透明，结合行业发展要求和未来需要，采取以"设计责任"与"应用监管"为核心的双重监管机制，针对"人工智能+医疗健康"算法设计、产品开发、结果应用等，实现对整个过程的监督。

3. 提高数据采集精度

人工智能监测技术在近年来得到了非常迅猛的发展，能够收集到人们的遗传数据、代谢数据以及身体健康数据等与健康有关的数据，并对这些数据进行分析和归类。同时，科技力量不断提升，也带动了人工智能的相关技术的发展与提升，在传感器技术以及测量技术等方面的发展过程中，未来人工智能所能够采集到的个人健康数据类型将会增加，数据的精度将会提高，体现在"数量"和"质量"两个方面。在引入人工智能技术的同时能够实现对医疗数据信息的全面贯通，从而发挥其更大的作用。从打通的数据信息基础上来为客户提供更加科学的健康生活计划。另外这些数据信息也能够让健康管理向着更加有利于用户的方面改进。基于自然语言处理、深度学习技术的终端监测设备，能够实现与互联网信息系统的链接，实现对用户身体健康数据信息的全面跟踪监督，在发现用户出现健康指标异常的时候，及时与用户进行沟通联系，将被动地咨询转变成为主动的服务。还能够在这一基础上，有效地提升用户在自身健康管理方面的意识，以此来尽早地发现用户潜在的疾病隐患，从而尽早进行治疗，确保用户的健康生活。

此外，随着人工智能监测产品在家庭的使用，政府还可以建立一个疾病知识共享平台，让更多在家的用户也能对疾病知识有所学习和认知，从而能改善自身的生活习惯，并帮助医疗机构积极查找某些疾病中的影响因素，实现疾病的重新分类，从而做到准确的疾病分类诊断。在此基础上，开展循证医学研究，实现对同一病因、共同致病机制的亚群患者的准确评价、治疗和预防，从而提高数据采集精度。

第二节 人工智能在司法裁判中的应用

一、人工智能在司法裁判中应用的价值与意义

（一）提高司法效率

人类之所以进行技术革命，是因为当前的生产工具已经无法满足人们提高工作效率的要求。技术革命后，生产工具的创新，极大地提高了人们的工作效率。在当前的司法情境下，法院案多人少，司法资源得不到高效的利用，司法系统面临困境。我国司法系统之所以积极将人工智能引进司法领域，是因为它可以辅助司法人员办理案件，提高司法效率，节约司法资源。有了人工智能这一"助理"后，法官可以将许多琐碎、无须耗费太多脑力的工作交给它，而自己可以集中更多的注意力在复杂的法律推理活动中。波斯纳认为正义的第二种含义是效率，虽然其简单普通，但真理往往是朴实的。司法效率的提高必然促进司法公正，司法公正也要求效率的提高。如果法官工作效率低，造成案件的超期，会对当事人及亲属造成极大的消极影响，也会影响法院和法官的形象。

面对如今诉讼突然增多的态势，司法部门在司法活动中积极采取人工智能等新兴技术，合理高效地利用司法资源，减轻司法人员的压力，提高司法效率。有学者认为之所以人工智能法律系统首先出现在英美等判例法国家，其直接原因在于，英美等判例法国家有着浩如烟海的判例案卷，如果没有电脑对这些判例案卷进行编纂分类、检索查询，这种法律制度根本就很难有效运转。当然不只是判例法国家，制定法制度下的法官也有着同样的苦恼。法律法规及司法解释或司法案例在不断的更新，法学理论也在不断的进步。因此，我国的法官在办案的过程中既需要加强自身法律专业知识的学习，还需要检索海量与案件相关的法律法规及司法解释，而这无疑会消耗法官大量的精力和时间。人脑毕竟不是机器，一方面，它的感知和记忆储存能力十分有限，很容易出现检索遗漏以及记忆模糊的问题，影响案件的审理；另一方面，法官的精力和时间也十分有限，很难做到每天二十四小时连续工作。而人工智能法律系统在这方面相较于人脑具有很大的优势，人工智能法律系统可以弥补人类的缺陷。它只需要维持电力的输入，就可以连续工作，不需要休息的时间。它凭借着强大的检索和储存功能，可以代替法官进行不复杂但却烦琐的法律检索工作，可以全面地记录案件的所有细节，从而在很大程度上解放法官的脑力，使其能够集中时间和精力去从事更加复杂的法律推理活动。借助人工智能法律系统这一平台，全部的案件卷宗都可以被电子数据化，这样人工智能可以代替法官去阅看案件卷宗，而且它还可以在审阅案件卷宗的过程中，实现对个别证据、证据链条以及全案所有证据的校验和审查。当然，人工智能法律系统在这一过程中为法官节省了大量的时间，法官只需要轻点几下鼠标，再审核下人工智能法律系统推送的证据报告即可。此外，人工智能法律系统还可以自动生成与辅助制作各类司法文书，只需法官在人工智能法律系统平台上进行简单的操作，就可以自动生成答辩通知书、开庭通知书及裁定书等司法文书。司法文书的自动生成无疑也极大地方便了法官的工作。甚至有的人工智能法律系统具有法律推理功能，通过借助司法裁量模型可以作出判决建议，提供给法官作为参考，可以一定程度上减少法官在法律推理上花费的时间。因此，人工智能法律系统的方便快捷，极大地解放了以法官为代表的司法人员的劳力，有效地提高了司法效率，高效合理的优化了司法资源。人工智能法律系统被输入了数量庞大的法律专业知识和丰富的审判经验，法官们可以借助人工智能法律系统快速全面地掌握相关法律知识以及获得丰富的审判经验，提高了审判水平，节省了大量学习法律知识及熟悉审判活动的时间，减少了因知识或经验不足产生的失误，提高了工作效率。

同时，人工智能在司法裁判中的应用不只是单方面的方便了司法人员，也方便了广大的诉讼参与人，从而在整体上提高了司法效率。借助人工智能、大数据、互联网等技术，诉讼参与人可以网上立案、网上缴费、网上庭审等，甚至可以通过司法裁判预测，从而放弃诉讼，选择其他的途径解决纠纷。这些举措无疑极大地方便了诉讼参与人，为诉讼参与人节省了大量的时间和精力。此外，人工智能法律系统还具有裁判预测功能，且统一的司法裁量权，人们在参加诉讼之前就可以对案件结果有一个基本的了解，有部分人在权衡利弊之后，放弃诉讼，转向其他途径解决纠纷，这从源头上减少了法院的工作量，从而间接提高了司法效率。

司法效率与司法公正相辅相成，在提高司法效率的同时，我们不能忽略司法公正。司法公正是诉讼活动参与人的根本追求，也是司法的题中之义。我们之所以追求司法效率，是为了更好地维护司法公正，我们决不能为了提高司法效率而降低案件的质量。我们必须坚持司法公正是目的，司法效率是达到司法公正的手段，司法效率的提高必须是在保证司法公正的前提下进行的。

（二）促进司法公正

1.防范冤假错案

法院是司法公正的最后一道防线，是普通公众获得救济的最后途径。司法不公往往会极大地影响司法形象，造成老百姓对司法权威的动摇，降低人们对司法的信任。而普通公众对司法公正最直接的感受就是冤假错案。冤假错案的发生不单单会使普通公众不信任司法，更为至关重要的是它还会使无辜者的生命、自由和财产等合法权益受到无端的侵害。尤其是命案，每个人的生命只有一次，对于生命的侵害是无法挽回的，而冤假错案中就有一些无辜者被执行死刑。冤假错案的发生不只是侵害当事人的权利，同时还会对当事人的家庭和亲人造成极大的打击，当事人的亲属往往会通过各种途径去寻求救济，从而对稳定的社会秩序产生影响，这种影响往往是长期的。我们可以对人民法院纠正的重大冤假错案发生的原因进行分析，这些冤假错案之所以发生除了有司法政治环境、司法政策等客观因素影响外，最主要的原因还是在于主观因素方面。这些冤假错案大部分都存在事实不清、证据不足或瑕疵的问题。通过对冤假错案的分析，我们可以发现办案人员的主观因素起了很大的作用。我们为了避免此类问题的再次发生，维护司法权威、增强司法公信，可以借助人工智能这一新兴技术。

司法人员在办案时难以避免的会出现一些主观疏忽，例如遗忘或者遗漏，从而造成案件证据的瑕疵，继而影响裁判结果。人工智能法律系统因其强大的记忆储存能力和数据分析能力，可以很好地避免这一问题的产生。人工智能法律系统内部编写有统一的证据规则和证据标准指引，可以帮助司法人员规范和全面地收集与审查证据。且司法人员可以根据人工智能的指引，在诉讼的每个阶段内，都能严格按照该阶段的证据标准进行收集，这有利于保证证据的稳定与统一，防止人为因素影响案件事实的认定。同时人工智能法律系统会对办案人员收集的证据进行审核，如果证据出现瑕疵，人工智能会禁止该证据通过审核，并提示办案人员补正或者作出解释。人工智能在源头上就保证了进入系统的证据是合法有效的，避免了法官在审理案件时被有瑕疵的证据误导。说到底，人工智能法律系统能够弥补人的缺陷，避免人的主观疏忽、遗忘或遗漏等问题的出现。而且人工智能具有深度学习的能力，其在司法实践过程中学习海量的案例后，相较于人类更容易把控证据的合法性与完整性。也就是说，如果人工智能在程序中设定好证据标准规则，那么人工智能在审理案件过程中基本不会出现对证据的理解及适用出现不一致的地方。

2. 提高司法透明度

一方面，司法公正必然要求司法公开，司法公开有助于提高司法机关公信力和树立司法权威。司法不公开，必然影响司法公正，降低人民群众的司法信任。因此，司法透明度的提高，可以加强人民群众对司法活动的监督，增强司法公信。另一方面，随着人民群众法律意识的增强，人民群众对司法公开有着更多的期待，传统的司法公开方式已经无法满足人民群众日益增长的需求。就现阶段来看，普通公众要求司法公开不仅要公开怎么做的，也要公开为什么这样做，让当事人和社会更加信服；不仅要公开办案的结果，而且要公开办案的全过程，让社会舆论加强对案件审理的监督，从而实现司法公开的意义和价值。人工智能在司法裁判中的应用有助于提高司法透明度，满足人们日益增长的对司法公开的需求。人工智能法律系统利用互联网、语音识别等技术，可以将庭审过程中产生的全部文字、音频、视频等信息自动保存到系统中，并对庭审过程进行录音录像，从而实现网上庭审直播与录播，方便社会公众观看与监督。人工智能法律系统向社会公开法院庭审的全部过程，使每个普通公民方便快捷地了解自己感兴趣的案件，加强了社会群众对法官和庭审活动的监督，也间接加强了普通公众的法律教育，从而树立了司法权威和提高了司法公信。同时，人工智能法律系统对司法活动的公开，也促使着司法人员在审理案件时严格遵守法纪法规，不敢肆意妄为。所以说，人工智能在司法裁判中的应用，拓展了司法公开的广度与深度，全方面地提升了法院的司法透明度。

（三）促进司法裁量的统一

为了统一司法裁量权，传统上，我国多通过制定司法解释或规范性文件，加强法官业务培训等，但是这些措施的效果不尽如人意。在审理同一类案件时可能遇到很多不同的因素，人工智能可以在全国司法裁判文书中进行分析，揭示各类因素在不同案件中所起的作用，从而使法官适用法律时能保证与全国同类案件一致，保证裁判的统一性。也就是说，人工智能依靠大数据，对全国海量的裁判文书进行比对分析，进而根据案件特征将其类型化。当人工智能办理案件时，可以直接识别出案件类型，并自动推送类似案例和裁判预测。目前，裁判文书网将各法院的裁判文书数据化，为人工智能进一步分析案件奠定了基础，有利于促进司法裁量的统一，使百姓更容易感受到司法公正。此外，由于司法裁量的统一，人工智能法律系统可以为双方当事人提供裁判结果预测,并对法律产生确定性的预期,从而可以引导人们理性处理纠纷,避免争讼,有利于减少法院的工作量,节约司法资源。

二、如何在司法裁判中应用人工智能

(一)合理定位人工智能

人工智能的时代已经悄然而至,无论是国家还是个体都深受其影响,而以法官为代表的司法人员不能对之视而不见,更不能恐慌其会取代自己,应充分认识到它的巨大价值,并在司法活动中积极利用,提升司法审判的水平。

首先,就现阶段人工智能技术的发展进程来看,人工智能仍处于弱人工智能阶段,尚无法实现对人类智慧的模拟及超越。目前,应用于法院的人工智能法律系统多为辅助办案系统,其意图不是直接取代法官作出判决,而是节省法官花费在无须太多脑力劳动的重复性工作上的时间,从而更专注于案件的审判。此外,与法律领域相似的医学领域,人工智能大多数情况下是作为助理的角色出现的,以目前的技术,人工智能还无法真正的代替职业者。要想人工智能真正的代替法官这一职业,还需要攻克很多的技术瓶颈。在这一过程中,法官不应焦虑自己是否会被取代,而是要不断提高自己的专业素养,充分发挥自己在审判中的作用。

其次,法官职业的特殊性决定人工智能无法轻易取代。法官在司法裁判过程中,他不只是一个中立的第三者,他更多的是运用自己的知识、经验和智慧,实现公平正义,树立司法权威,维护稳定的社会秩序。法官以司法裁判作为自己的活动场域,在该活动场域法官需要主动发挥自己长年累月获得的知识与经验去进行复杂的法律推理活动。人工智能之所以无法代替法官去从事这项活动,主要是因为:其一是在司法审判过程中,需要面对的是极其复杂,往往十分丑恶的社会关系。面对这种社会关系,人工智能很难能够像法官一样,把诉讼当事人之间复杂的法律关系厘清。实际上,之所以如此之多的纠纷就是因为不同主体利益需求不同,很难协调一致。司法裁判不是单单按照法律规定获得一个结果,或者说诉讼当事人之所以选择裁判不是为了取得一纸文书,而是使自己的利益需求获得满足。人工智能更多的只能是按照法律条文规定,机械地做出司法裁断,很难真正回应诉讼,参与人的需求。例如，婚姻诉讼中，很多当事人在法官的调解下破镜重圆。若是由人工智能去审判，我国的离婚率很可能有很大提高。正如美国的大法官卡多佐大法官所说的，司法职能之所以能够如此繁荣昌盛，就是因为司法职能始终回应当事人的需求。其二是法官如果要进行司法裁判，其不只是要有丰富的法律知识，还需要对其他专业知识有所涉猎，例如经济学、政治学、心理学等。因为法官在审理案件的过程中往往会遇到这些非法律专业的知识，若法官对其缺乏了解，很难真正的理解案情，不利于做出公平合理的裁断。同时法官还必须是个仁爱的人，对弱者富有同情之心。法律的规定是机械僵硬的，但其内核是公平正义，所以法官审理案件时很可能偏帮弱势群体。其三是法律无法精确预料到一切可能发生的纠纷，社会情境不仅复杂而且时刻在变化，这样两者很容易出现不一致的地方，此时就需要法官充分利用自由裁量权巧妙地解决。例如强奸罪的对象，由最初单指女性，到现在延展到男性和第三性别。而人工智能是很难能够如此巧妙的解决这些问题的，毕竟它不是人类，无法换位到人类的身份去解决这些问题。总而言之，人工智能在司法裁判领域有其自身的局限性，无法做出令人心悦诚服的裁断，故其很难取代法官进行司法裁判。

因此，法官不仅无须担忧自己的职业可能被人工智能代替，反而应积极主动学习和掌握人工智能的知识，以更优秀的自己来迎接大数据智能时代的到来。法官的职业就是维护公平正义，法官通过提升自己的职业能力，紧跟时代的脚步，无须为自己职业的未来担心。当然，法官在使用人工智能进行审判活动时，也必须清晰地认识到自己与人工智能的关系，以免过分依赖人工智能，消解自身在裁判过程中的作用。人工智能是我们认识和改造世界地工具，它有助于我们更好的生活，我们应当与人工智能携手同行，不应该把它视为竞争对手来排斥。就目前来说，人工智能在司法裁判活动中处于辅助地位，法官依然主导整个裁判，这样也便于司法问责。如果人工智能作为审判主体，那么一旦案件出现问题，很难确定追责的主体，毕竟机器无法被问责。人工智能的辅助定位具有双层意思：其一，法官是审判的主体，对案件负责。人工智能作为法官的助手，帮助法官更好的审理案件。人工智能可以帮助法官检索相关的案例及法律条文，可以自动收集案件相关的证据且对其是否合法进行检验，可以根据量刑模型为法官提供量刑建议。这样不仅可以弥补法官自身的局限性，确保司法裁量权的统一，还可以提高法官的工作效率，有效利用司法资源，最终更好地促进司法公正和司法权威。其二，由于人工智能具有很强的便捷性，法官在使用人工智能的过程中容易产生依赖，忽视自身主观能动性，从而没有发挥法官应有的价值。换言之，法官应时刻保持对人工智能清晰地认识，不应对其产生依赖心理，让其在事实上替代了自己。另外，人工智能法律系统依靠的是数据与算法，法官过分依赖人工智能，容易导致算法独裁的出现，从而可能使人类面临司法与科技谁笑到最后的难题。

（二）深化发展人工智能技术

1. 算法的改进

在司法裁判活动中，人工智能是依靠算法来对案件进行审理。然而算法和代码是由编程人员来选择和设计，如果设计者对法学、政治学、社会学等学科缺乏深刻的认识，可能出现算法黑箱或算法独裁，产生司法不平等的结果。因此，算法的改进不能单单依靠自然科学专家（计算机专家、信息专家等），而是应该推动一种知识的双向运动，使法学理论等人文社科知识同人工智能相关技术知识深度的交叉融合。也就是说，一方面，法学专家们需要学习人工智能算法的知识，从而可以事先干预算法设计，对研发人员编辑程序的监督；另一方面，人工智能程序的设计者同样需要学习相关的法学知识，从而设计出符合法律追求公平正义需求的人工智能法律系统。正如李彦宏在其《智能革命》一书里所谈到的，人工智能技术不应当纯粹是理工科专业人士的领域，法律人士或者其他治理者也需要对人工智能知识进行学习。例如，上海法院系统与上海高等院校、科研机构共同合作，建立了全国首个省级法院新型司法智库——上海高院发展研究中心，它有助于促进人工智能同法律的深度融合，使司法实践经验同技术理论知识有力的结合，有助于培养出符合人工智能时代要求的法官。此外，即使相关的法律专家参与算法的编写，也并不能杜绝算法黑箱的存在，谁也无法保证参与者是否联合。要想避免算法黑箱的产生，必须使算法具有可解释性乃至可视化，这样普通公众也能理解并监督算法的运行。

2.复合型人才的培养

同时，为了更好地应对人工智能时代的到来，除了现役的法官们需要学习人工智能知识外，还要培养贴合时代要求的综合性人才。这就需要我们转变传统法学教育中的单一学科教学模式，开展交叉学科教学。现阶段，法学院课程设计一般都是以单一法学课程为主，很少涉猎人工智能知识，即使提及也是浅尝辄止。受过如此法律教育的法学生，将来他们从事研究和解决法律问题，往往是从传统意义上的法学角度出发，很难运用其他的思维方式看待问题。由于对人工智能技术缺乏足够的学习与理解，他们很难从人工智能的角度分析和解决法律问题。因此，我们需要在法学课程设计中融入人工智能的相关课程，且其占比不能过低，可以聘请有相关人工智能研发经验的法律人士来任教。

（三）充分开发和共享大数据

数据是人工智能的基石，缺乏数据，人工智能就无法深度学习，也就不能够有效地对人的思维及行为进行模拟。从目前来看，司法大数据挖掘的深度和广度远远不够。一方面，法院系统内部还存有大量的数据未进行电子信息化，例如裁判文书网目前上传的文书仅为两千多万份，还不到全国法院案件两年的总和。另一方面，司法大数据来源单一，且多在法院系统内部进行流动，从而形成司法数据"孤岛"。因此，为了更有效地利用人工智能进行司法裁判，应当对大数据充分的开发和整合。首先，建设一个统一的全国性的司法数据共享平台，充分整合法院内部的电子化数据。其次，法院数据与公安系统数据、检察系统数据、其他政府部门数据、社会及商业数据进行对接，使法院数据库成为国家大数据系统的一部分。据了解，一些地方法院已经开始与公安、检察、税务、银行的数据进行对接，极大的扩充了司法数据。例如前文提到的浙江法院系统与阿里巴巴集团的合作，将浙江法院案件数据资源与公安、金融、电商、交通等数据进行整合，从而形成跨界融合、全面覆盖、移动互联、智能应用的大数据生态圈。最后，确保司法大数据的实时更新。数据是人工智能学习的前提,缺乏完备的数据或者数据陈旧,必然影响人工智能算法的准确度。然而数据从来不是固定的,它会不断的更新。若数据库没有及时更新,很可能影响人工智能对具体案件的判断,从而做出不合适的判决。因此,为了提高人工智能的办案质量,必须对司法大数据定时更新。此外,在充分开发和共享数据的同时,需要保证数据的质量,以免对司法数据造成污染,从而影响人工智能的判断。因此,要想人工智能更好地应用在司法裁判中,充分有效地发挥人工智能的价值,我们必须加强对司法数据的开发和共享。

(四)加强个人信息及隐私保护

法院的人工智能系统中保留有海量的个人信息和隐私,防范这些数据被侵害是个十分重要的问题。法院在采集分析和使用公众的个人信息及隐私时,应当保证数据不被泄露,不被个人或者组织非法利用。一旦法院在确保个人信息及隐私安全方面出现了疏忽,很可能对法院的公信力造成影响。所以,我们应当采取有效措施应对人工智能时代的个人信息及隐私保护。

第一,人工智能法律系统对个人数据的采集和使用必须确定严格的范围,充分保障诉讼参与人的知情权。恐惧源于未知,而不透明则会导致问题的出现。如果能够使公众了解个人数据如何被使用,那么就可以使数据处于被监管的状态。

第二,人工智能法律系统的设计者在设计程序时必须建立防火墙,并定期进行维护,防止黑客、病毒等非法入侵。司法数据涉及个人隐私、商业机密,很容易成为非法入侵者的目标。因此,在人工智能法律系统设计时,应该考虑数据安全问题。

第三,法院在选择技术合作对象时,必须进行严格审查,以防合作对象侵害数据。就现阶段来看,法院由于自身的技术薄弱,他们在打造人工智能法律系统时,更多的是选择同智能技术公司开展合作。而这很有可能导致一种情形的发生,提供技术支持的公司在人工智能系统中留有"后门",例如许多的手机制造商在手机上留有"后门",收集手机使用者的信息。人工智能法律系统是应用于司法裁判的,一旦这样的情形发生,必然危及司法公正。因此，有的法院在选择合作对象时，更加倾向于选择国企，这样可以在一定程度上降低合作对象非法使用个人信息的可能性。但是，这并不能真正的解决技术公司非法使用司法数据这一问题，法院只有自己培养相关的技术人才，成立相关的技术支持部门，使司法数据的控制人与司法主体相一致，才能有效避免该类问题的发生。

第四，加强对人工智能的监管。在人工智能的研发阶段，可以将一些风险排除，但是人工智能在使用过程中不断自我学习，从而产生新的风险。因此，对人工智能的使用必须加强监管。国家应当建立一套公开透明的人工智能监管体系，它可以对人工智能算法设计、产品开发、数据采集和产品应用等全流程进行监管。同时，国家政府部门严厉打击侵害个人信息及隐私的违法行为。

此外，人工智能企业应该严格遵守国家法律法规，加强行业自律。有学者认为要想切实保护个人数据和隐私，首先应当防止个人、企业及其他组织不合理使用大数据。我们不能因噎废食，不能因害怕数据遭到非法利用而严格限制公司或其他组织对数据的使用。事物的发展有利有弊，人工智能的发展也是一样。人工智能的发展必须依靠大数据，缺乏足够的大数据，人工智能很难得到发展，人工智能必须基于数据才能去分析，然后解决问题。

人工智能大数据时代已经到来，如果阻碍大数据的采集与使用，肯定是违背历史潮流的，是逆势而行。事实上，侵害人，如黑客，非法使用人工智能法律系统中的数据，侵害个人信息及隐私安全，可通过个人信息保护的法律法规予以救济。此外，人工智能技术的发展，会减少甚至杜绝人工智能自身侵害个人隐私问题的发生。

（五）人工智能在司法裁判中应当有步骤推进

人工智能在司法裁判中的应用，由于受到人工智能技术、法官及普通公众接受度等因素的影响，是一个长期的建设工程。如果我们在司法裁判应用人工智能，让人工智能过早地代替法官进行案件审理，不仅无法充分有效地发挥人工智能的作用，还必然引起司法审判体系的混乱。因此。我们在司法裁判中应用人工智能，要紧随技术的发展，有步骤地推进，不能操之过急。

人工智能在司法裁判中的应用是一个长期性、系统性的工程，我们可以分步骤地建设。最高院的何帆法官认为，人工智能要想代替人类法官审理案件至少要经历四个步骤。

第一步，借助智能语音识别技术，减少在事务性活动中的人员投入。法院内除了法官之外，还有大量其他的司法人员，辅助法官进行司法裁判。例如书记员，他们的工作相对较简单，但却很耗费时间和精力。智能语音识别技术是人工智能法律系统的有机组成部分，而且该技术正在迅速走向成熟。书记员需要在庭审的时候将法庭上的活动记录下来，书记员的记录速度有限，经常法庭活动需要暂停下来，等待书记员记录完毕再开始，而且书记员的记录会出现不全面或者错误的情形，必然影响司法的效率与公正。智能语音识别技术可以方便、快捷且准确地把庭审的语言转换成文本并记录储存下来。这样，既解放了书记员的劳力、节约了司法成本，也提高了司法效率、保障了司法公正。目前，苏州市中级人民法院已经开始使用庭审机器人，它含有语音识别技术，可以将庭审过程中法官和诉讼参与人的对话自动生成文本保存下来，极大地减轻了书记员的工作量。

第二步，建立案件要素特征库，通过智能图像和文件识别技术，将法官从简案处理和烦琐文牍中解脱出来。法官办案时，系统通过智能图像和文件识别技术对在办案件分析理解，再根据案件要素特征库中匹配案件特征，推送与案件相关联的信息，例如，与案件相似的裁判文书，与案件相关的法律法规或司法解释。这样极大地减轻了法官的工作量，使法官可以在案件的法律推理上有更多的时间。北京法院"睿法官"系统可以自动推送与案件相关的法律法规和相似案例等信息，辅助法官办案，减少法官工作量。

第三步，通过数据提纯、算法测试和专业训练，让系统变得更加智能，辅助法官决策判断。人工智能通过对类型化案件要素的分析提取，对同类案件大数据进行深度学习，可以在裁判结果预测、裁判文书自动生成上发挥作用。福建省高级人民法院引入阿里云 ET 人工智能，其结合语音文本、判决文书、历史案例库等相关文本数据，通过大数据挖掘、文本挖掘、机器学习建模技术等，提供相似案例的分析与检索、案情建模、案由提取、争议点挖掘、智能预判等，协助法官判案。

第四步，人工智能可以代替法官对案件独自进行审理。人工智能在司法裁判中应用的最后一步，就是人工智能完全应用在司法裁判活动中，乃至于代替法官审判案件。这一步仍可以细化，首先在事实比较简单的小额诉讼案件中应用，再总结经验教训，应用到其他案件的审判中去。人工智能在司法裁判中的应用，必然经历两个阶段，前一阶段是工具性的，侧重于提高法官的工作效率，后一阶段则是人工智能可替代法官去审理案件。当然，就现阶段来看，我们尚处在人工智能在司法裁判中应用的开端，人工智能更多的只是一个工具，距离其真正能替代法官审理司法案件还很遥远。在司法裁判中应用人工智能，我们应当脚踏实地走好每一步，不能盲目求快，要始终坚持司法的本义是追求公平正义。

第三节 人工智能在商业银行服务创新中的应用

一、人工智能与商业银行服务创新

（一）人工智能在商业银行服务创新中的角色

1. 人工智能引发传统服务走向变革

人工智能技术不断地发展，加上互联网技术的影响，促使人们的金融消费方式发生变化，同时也促使银行转型和升级，致力于打造智能银行，推出创新型服务，利用智能化设备升级传统的业务流程和服务模式，进一步带来服务效率和客户体验的提升。

银行的本质是服务，人工智能只能是服务的手段，无论人工智能多么的高效与快捷，决不能，也永远代替不了服务的全部。经济越是繁荣，科技越是发达，生活、工作节奏越来越快，人们对面对面的坦诚沟通，享受面对面的温馨服务的需求也必然越来越强。机器人程序式的笑容只能满足人们一时的新鲜与好奇，带有体温的微笑才是人世间的永恒。银行业如何在大力发展人工智能的同时，合适地保留、创新、发展传统人工服务将成为银行的差异化服务手段和核心竞争力之一。

人工智能服务于服务，也源于服务。人工智能最大的边际效应在于能够进行个性化大数据的采集与运用。怎样使银行业的服务更具针对性和有效性，有赖于对个体客户大数据采集的完整性，因此，科学布局银行服务网络与触角至关重要，人工智能效能的发挥有赖于大数据基础的真实、有效与完整。曾有精明的商家在沃尔玛超市发现，啤酒和婴幼儿尿不湿放在一起，有助于增加啤酒的销量，并就此改变货品的摆放，增加了产品的销售。这就是大数据带来的销售竞争力。

人工智能技术的迅速进步，让人类部分思维在机器上得到实现，使机器可以模拟人类部分行为来提供个性化服务，促使服务模式从被动转为主动，对银行业的变革产生重大的影响，促使银行重视人工智能的作用，思考如何利用人工智能技术在今后的服务中提升客户的体验等。

2. 人工智能促使商业银行转型为智能银行

服务的创新迫使银行推进网点智能化、网点智慧化、服务智能化将成为一种不可逆的趋势。智能营业厅通过网点合理布局，配备智能机具设备改善交易体验，使用平板电脑和电视显示屏进行产品宣传，通过便捷高效的自助设备，让客户感受充满新兴科技的服务体验。

银行人工智能应用创新点：

（1）智能化柜台。

在智能化柜台领域，智能柜台通过设备和系统的升级，引入人工智能技术，颠覆了传统的业务办理流程，摆脱了对传统柜台的依赖，实现前台引导、客户自主办理、后台专业审核的新型业务处理模式。

（2）AI（人工智能）客服。

在AI客服领域，人工智能客服通过获得用户的健康、支付、偏好、社交媒体等数据，提供量身定制的产品及服务，为用户推荐短期现金的最优管理方式并解决金融问题，帮助银行创建广泛的客户需求数据库。

（3）智能投顾客服。

在这个服务领域中，银行可利用智能投顾面向高净值人群，采用最少量人工干预的方式帮助投资者进行资产配置及管理。智能投顾核心意义在于根据客户的投资需求和资产信息,通过系统自动分析选择与之匹配的最优投资组合方案。

3. 人工智能技术是提升商业银行自身能力的有效手段

(1) 人工智能通过无人化的客户交互方式降低银行经营成本。

差异化的人工智能服务必然是未来银行业差异化服务竞争的主战场。目前,人工智能大多集中在银行服务的前端,集中满足于最基本的迎宾、咨询、资料数据完整的审贷等。怎样从同质化服务中突围,是未来银行企业竞争的制胜关键。毋庸讳言,传统的大银行在人工智能的运用与推广方面占有资金、网点以及数据广度和数据深度等多方面的优势,而地区性城市商业银行不一定要在同质化的人工智能方面亦步亦趋,可以从差异化的金融服务入手,开发、创新差异化的人工智能服务,实现局部的"弯道超车"。

(2) 人工智能通过智能化信息识别提升银行风险管理能力。

风险管理能力是衡量银行竞争力的标准,商业银行一直面临的挑战是如何在风险和业务量方面寻找一个平衡发展点,人工智能技术的应用实现对数据的收集、分析并进行及时处理。通过分析客户的行为数据,并添加到数据库中,形成风险判定的决策依据;通过大数据技术的信息采集,以及对用建立多维度的数据模型,对用户的信用进行评分,形成客户的征信体系,运用知识图谱监测数据,观测数据的变化,从而规避风险。

(二) 人工智能在商业银行服务创新中的作用

1. 服务客户体验角度分析

银行服务中结合人工智能技术的应用可以使用户体验提升,让服务更具创新性、充满人情味,主要从传统物理网点的改造、建设智能型网点出发,通过网点的智能设备提升服务质量和水平。

商业银行的业务流程烦琐,主要是因为组织机构的弊端引起业务流程的割裂,影响了在商业银行服务中资源的有效配置。传统的银行服务中,网点柜台作为银行与客户交流的窗口,繁重的业务压力让工作人员应对不暇,无法进一步挖掘客户的需求,进而无法提供个性化和精准的服务建议。

人工智能技术能够重新解构金融服务生态,简化业务流程,改变现有人与信息系统的交互方式，更加主动地判断单个客户的需求，并根据客户的信用能力为其选择适合的金融产品和服务。因此，银行可通过人工智能技术精准应对客户需求，批量为特定客户提供个性化、定制化的金融服务，从而有效提升客户对银行服务的体验。典型的应用场景有基于机器学习与神经网络技术的智能投顾、保险定价等。

人工智能技术打破传统的服务模式，通过人机交互技术，搜集客户需求，并同步进行后台分析，根据客户的综合评价制定出符合客户需求的个性化服务方案，使服务方案更具个性化、更精准，促使客户服务体验的提升，目前应用广泛的是采用机器学习与神经网络技术的智能投顾。

智能投顾的定义是通过分析客户的投资需求，以现代投资算法和资产组合为基础，参照客户的风险要求和收益目标，进行投资组合方案制定，提供适合客户最准确的、智能化个人投资服务与建议。核心是通过机器学习分析客户需求及投资信息，形成理财投资决策数据库，并匹配客户的投资目标、投资偏好进行服务的建议。该技术在国外早已成功应用，例如瑞士银行通过人工智能技术分析客户表情进行投资建议，而在国内招商银行最早推出了这项服务，并且取名为摩羯智投。它的优势在于个性化和高效性，短时间内完成从客户需求分析到投资决策的反馈。

2. 商业银行运营角度分析

智能银行有效提高了网点服务的效率。通过自助设备的业务办理，服务效率几倍的提升，减少了漫长的等待时间，服务体验自然有所提升。

打破银行业的"二八"定律后，银行转型发展的重点逐步转变到发展零售业务上。然而增加业务队伍却无法有效支撑零售业务的发展，主要因为从银行经营成本的角度，过度扩大业务团队，导致银行财务压力剧增，因此如何在发展零售业务的同时，控制好人力成本成为一个难题。

人工智能技术的出现就很好地缓解了人力成本压力。它可以通过语音识别、自然语言识别和图像识别技术提供智能机器服务，减少客服人员和柜台人员，还可以通过智能巡查代替人工监控，使商业银行的零售业务由劳动密集型转变为资本密集型，甚至是智力密集型。有效提升运营效率，减少服务成本。常见的应用有基于语音识别和人脸识别技术打造的智能客服、智能服务机器人。

二、人工智能运用于我国商业银行创新服务的思路

（一）全面布局人工智能应用体系

商业银行全面开展"人工智能"应用体系建设的思路是按照数据的整合、知识的学习、知识的运用进行的，商业银行的"智能化"是以数据搜集和处理为前提，首先提出银行智能化的战略。其次建立由数据标准、数据质量、数据资产管理、数据安全等组成完整的数据管理体系。最后应构建包括大数据平台、数据交换平台、数据集市、数据分析平台等的系统平台和支撑工具，在组织、流程、系统、制度、文化等多个领域共同构建数据体系。

一是提出智能化银行战略布局，全面建设数据体系，通过设立数据集中处理中心，建立企业级数据库，构建一个健全的数据管理体系，确保全行统一，有效保障数据的搜集、传递、分析、处理。

二是建立线上线下融合的全渠道、专业高效的市场营销体系，秉持"以客户为中心"，将人工智能应用到服务中，拓展到客户的方方面面，为客户提供真正的"智能"服务。

三是打造全智能化银行业务产品体系，融合一系列产品，强化融资、存款和理财产品的良性互动发展，满足资产增值服务需求，实现从为客户提供基础的信贷产品，向为客户提供"综合智能服务解决方案"的转变。

四是深化布局，有效结合人工智能与区块链、大数据、物联网和云计算等新兴科技，实现风险管控、IT运营、组织与流程、体制机制的"互联网+"升级改造，推动智能生态圈的构建。

（二）全面建立商业银行服务体系

在外部经济不景气、利率市场化、互联网金融冲击的局面下，过度依赖传统商业银行的管理、服务思路和理念已无法应对客户需求，银行业的服务趋于同质化，迫使商业银行通过改变传统管理服务模式，通过服务创新，彰显服务新理念、新特色，抓住人工智能服务领域的应用契机，真正建立以客户为中心的"服务"体系。

首先打造"以客户为中心"的服务，减少银行部门之间信息传递不及时、不对称导致服务效率降低，需要通过部门职能架构升级和服务流程进行优化。传统的柜式服务，其服务效率取决于柜台人员、业务人员对业务熟悉程度、客户自身移动的速度，柜式服务无形之中根据柜台的职能将整个业务流程割裂成多个小流程，并且柜台之间相互制约、影响着服务效率，通过打造以客户为中心的服务，不仅使客户减少与业务办理窗口的接触，将识别客户、沟通客户、营销客户、服务客户有效集中统一起来，减少信息传递造成的缺失，优化银行运营的成本，提供便捷高效的服务，让客户获得真正意义的"顾客即是上帝"的服务体验。

其次做好由"被动"到"主动"服务模式转型，改变以往被动提供服务的服务模式，配备智能的机具，及时发现和识别客户，客户的出现即是服务的开始，根据前台工作人员了解客户的业务需求，同步反馈至后台，通过数据处理模型分析客户的需求，并制定的服务方案，由前台工作人员主动并全面的为客户服务，在服务过程进行深度挖掘，逐渐改变传统由费用驱动的被动营销模式，通过智能设备和中后台系统分析决策，充分调动服务主动性。

最后是完善服务体系，提供人性化服务，其核心是银行管理模式的转变，对银行员工开始人性化管理是对客户人性化服务的基础。通过管理模式的优化，提升银行工作人员的人性化涵养，进而促进银行服务人员的管理体系的改革，通过人工智能与大数据的结合运用，后台系统运用人脸识别技术进行身份识别，数据挖掘和分析数据库信息，制定出更加人性化的银行服务方案。

（三）加强研究人工智能技术改善运营服务

1.语音识别与自然语言处理应用

（1）语音数据挖掘。

通过智能语音识别技术对客服热线和客户的通话内容，分析语音语义中重要信息及关键字分析提炼，结合当下时事及市场热点问题，搜索相关联的词汇、热门词句，将客户询问的热门问题进行归纳整理，通过算法由机器深度学习，形成客服的解答数据库，在以后的热线自动解答中制定回答客户疑问的依据，并且在分析和统计通话内容时，分类标记、区分，深度挖掘发现数据信息，为服务方案设计提供数据和决策依据。

（2）智能客服。

商业银行的智能客服目前已开发多个模式，如电话、微信、网页都已拥有智能客服，智能客服主要通过语音识别技术来分析实时对话中的信息，了解客户的问题及需求，为人工座席提供数据分析及方案制定，为快速解决客户问题提供帮助。在分析数据时不断搜集客户特征、客户问题，丰富自身数据库。智能客服最终目标是由辅助人工座席到取代人工座席，通过电话、APP、网页、微信等途径进行人机对话交流，搜集客户的需求，同步分析数据，获取匹配客户问题的最优方案，减少传统语音服务模式带来的时间等待，提升沟通效率，降低服务成本的同时也使得客户满意度得到提升。

2.计算机视觉与生物特征识别

人脸识别技术在自助终端是当前银行应用最为普遍的方向，如自助发卡机、智能柜台等都运用了人脸识别系统，采用人脸识别技术进行现场照片的采集，然后通过对比证件照片，工作人员根据系统提示的相似度进行审核确认，减少传统审核流程的时间和复杂度，通过该技术在自助机具的应用，为客户提供自助开卡、重置密码、功能开通、转账汇款等业务，全流程电子化不仅节约时间和成本，也更加环保。通过引入自助机器解放银行员工，大大提升业务办理效率。

该技术也可以利用网点和ATM摄像头，通过人脸识别技术，高清摄像头采集人像信息，与系统证件进行匹配，确保相应面部特征一致才可以进入，同时进行访问信息登记和全面追踪，防止陌生人尾随进出相关区域，实现银行内部安全管理，有效地提高风险防范能力，同时还拥有多人识别的功能，实现全面智能识别，达到安全防范的目的。而通过人像识别技术第一时间捕捉的VIP客户，有助于银行第一时间提供优质服务，让客户从步入银行就能感受银行及时、真诚的服务，增加客户良好的银行服务体验，提高客户忠诚度。

3. 机器学习、神经网络应用与知识图谱

（1）融资授信决策。

商业银行采用大数据技术，对个人或企业在网络上的数据进行搜集，通过其留下的网络信息及信息痕迹，总结个人的综合信息，通过搜集的信息判断个人的下一步社会活动，同样，通过企业的数据搜集分析，了解企业的运营情况，资金周转、上下游合作关系，以及存在的经营风险和司法风险，预测企业未来的发展，传统商业银行在对个人或者企业进行授信后，无法时时刻刻监控着贷款人的一举一动，传统的贷后检查无法深入了解其实质的变化，存在一定的局限性。通过人工智能和大数据技术，依靠机器学习可以保证在发放贷款以后对借款人的实时监控，进而分析其还款能力的变化，及时对无法还款的情况做好应对，有效避免无法还款造成的损失。

（2）智能投顾。

商业银行为客户提供理财服务时，提供一种符合客户需求的个性定制投资组合方案，主要是采用人工智能算法与互联网技术，其中利用多层神经网络，时刻采集投资数据的相关指标，利用智能投顾系统进行数据整合，制定出多种资产投资组合方案。根据客户的投资偏好及需求，如追求长期稳定收益、短期高收益来制定符合客户投资要求的个性定制方案，智能投顾主要基于客户投资需求的相关数据采集和庞大的投资策略数据库，通过人工智能技术引入投资理财服务，可以让每个客户都能获得投资策略的服务，也可以减少银行人工成本，大大提升银行服务的效率。

4. 服务机器人技术应用

首先，在商业银行网点核心区域设置智能服务机器人，可以有效为大堂经理分流客户，对营业厅的客户进行基础业务的询问解答，引导客户在自助机具进行日常业务的办理，比如网银开通、网银转账、银行卡开销户等，减少人流在柜面的排队时间，有效识别和化解客户等待时间过长出现的焦躁情绪，避免导致相应的客户投诉，有效提高服务效率；其次通过在网点引进新兴科技，提升网点智能科技感，吸引客户的眼球，在智能服务机器人与客户的人机交流中，采集客户数据，不断丰富数据库，通过机器学习形成服务

方案的依据，减少服务中重复询问答疑的过程，为精准营销打下基础，在愉快的人机交流过程中，挖掘客户的潜在需求，结合银行产品，为客户推荐办理银行卡，购买基金、保险等理财服务，改善服务并提升客户体验。

（四）合理规划银行转型和服务智能化

1. 银行网点转型

在人工智能技术的不断应用下，如何使传统营业网点由交易型转为营销型网点，通过客户群体的分类、营业核心区域的功能划分、业务系统流程的优化等方式来挖掘营业厅潜在营销能力，有效化解客户流量大、业务流程复杂、人工及运营成本大等问题。银行网点的转型策略如下：

一是打造社区银行，让银行进入小区、走进生活，把银行开到家门口。相比传统营业网点，社区支行的营业时间大部分为10：00~20：30，结合社区居民的作息时间，彰显社区银行人性化的一面；社区支行配备自助机具和业务人员，办理的业务包含自助取款、投资理财、日常水电气生活缴费以及其他个人金融服务。使社区银行进入居民的生活，挖掘社区的营销机会。

二是建设智能化网点。作为商业银行营业网点转型的重点，通过引进智能机具，合理规划网点区域功能，减少人工服务成本，优化传统服务流程，有效改善服务体验和提升服务效率，节约银行运营成本。随着人工智能技术和互联网技术的发展，银行的网点智能化迫在眉睫，是服务创新的基础。大型国有银行以及众多商业银行都积极布局智能化网点的升级改造，加大对人工智能应用的投入，为网点转型作准备。

2. 银行服务转型

网点智能转型如同计算机硬件的升级，而服务模式如同计算机的软件，拥有了强大的硬件基础，才能使服务模式有更好的发挥空间，从根本上提高服务水平和效率。

一是网点设备智能化，通过引进智能服务机器人、金融自助通等机具，引导客户自助办理，并做到客户分流，减少柜面压力，逐步减少传统柜面办理业务的环节，减少客户等待时间和业务授权等待时间，用智能设备服务客户的需求，通过设备智能化升级提升网点运营效率。

二是优化服务流程，打造"以客户为中心"的服务原则，改变以往"以柜台为中心"的方式，注重客户服务体验的提升，优化服务流程，避免传统服务以柜台为中心造成业务流程割裂，造成流程复杂化，影响服务质量和效率，通过建立良好的信息管理体系及服务体系，主动为客户提供高效、智能、便捷的服务，提升客户体验。

三是网点区域合理布局，通过设置大堂服务区、自助体验区、自助电话银行服务区、理财服务区、VIP客户服务区、大厅客户等候区、现金及非现金业务区等，做好每一步服务流程改进，提高服务质量。开展以人工+智能机具的服务模式，利用智能机具的便捷，引导客户自主办理，丰富客户银行的服务认识，提升客户体验，积极探索挖掘客户的潜在需求，做好服务转型。

参考文献

[1] 罗娟,刘璇,贺再红.计算与人工智能概论[M].北京：人民邮电出版社，2022.

[2] 陈铭松，柴志雷，陈闻杰.人工智能与智能教育丛书类脑计算[M].北京：教育科学出版社，2022.

[3] 李士勇，李研，林永茂.智能优化算法与涌现计算 第2版[M].北京：清华大学出版社，2022.

[4] 董红斌，王兴梅.深度学习与自然计算[M].北京：清华大学出版社，2022.

[5] 付菊，孙连山.计算思维与人工智能基础[M].北京：清华大学出版社，2022.

[6] 谭垦元，张俊杰.云、边、端协同交通大数据智能计算及控制技术[M].长春：吉林大学出版社，2022.

[7] 鲜明，荣宏，吴魏等.大数据计算安全理论与方法[M].长沙：国防科学技术大学出版社，2022.

[8] 周勇.计算思维与人工智能基础第2版[M].北京：人民邮电出版社，2021.

[9] 郑蝉金，汪腾.人工智能与智能教育丛书计算机化自适应测验[M].北京：教育科学出版社，2021.

[10] 何泽奇，韩芳.人工智能[M].北京：航空工业出版社，2021.

[11] 郭军，徐蔚然.人工智能导论[M].北京：北京邮电大学出版社，2021.

[12] 刘连超，苑会静．智能环保[M]．北京：科学技术文献出版社，2021．

[13] 周才健，王硕苹，周苏．人工智能基础与实践[M]．北京：中国铁道出版社，2021．

[14] 魏真，张伟，聂静欢．人工智能视角下的智慧城市设计与实践[M]．上海：上海科学技术出版社，2021．

[15] 韦鹏程，赵宇，张宗银．基于人工智能算法的研究与应用[M]．北京：中国原子能出版传媒有限公司，2021．

[16] 陈敏光．极限与基线司法人工智能的应用之路[M]．北京：中国政法大学出版社有限责任公司，2021．

[17] 宁振波．走向智能丛书智能制造的本质[M]．北京：机械工业出版社，2021．

[18] 吴陈，王丽娟，陈蓉．计算智能与深度学习[M]．西安：西安电子科学技术大学出版社，2021．

[19] 黄忠华，王克勇．智能信息处理[M]．北京：北京理工大学出版社有限责任公司，2021．

[20] 惠志斌，李佳．人工智能时代公共安全风险治理[M]．上海：上海社会科学院出版社，2021．

[21] 马玉山．智能制造工程理论与实践[M]．北京：机械工业出版社，2021．

[22] 闵庆飞，刘志勇．数据科学与大数据管理丛书人工智能[M]．北京：机械工业出版社，2021．

[23] 文常保．人工智能概论[M]．西安：西安电子科技大学出版社，2020．

[24] 杨杰．人工智能基础[M]．北京：机械工业出版社，2020．

[25] 王静逸．分布式人工智能[M]．北京：机械工业出版社，2020．

[26] 唐子惠．医学人工智能导论[M]．上海：上海科学技术出版社，2020．

[27] 游晓明. 人工智能及其应用 [M]. 北京：中国铁道出版社，2020.

[28] 周苏，张泳. 人工智能导论 [M]. 北京：机械工业出版社，2020.

[29] 高金锋，魏长宝. 人工智能与计算机基础 [M]. 成都：电子科学技术大学出版社，2020.

[30] 雷震. IETM 智能计算技术 [M]. 北京：北京邮电大学出版社，2020.

[31] 陈云霁，李玲，李威. 智能计算系统 [M]. 北京：机械工业出版社，2020.

[32] 郭毅可. 人工智能与未来社会发展 [M]. 北京：科学技术文献出版社，2020.

[33] 陈敏. 人工智能通信理论与算法 [M]. 武汉：华中科技大学出版社，2020.

[34] 周越. 人工智能基础与进阶 [M]. 上海：上海交通大学出版社，2020.

[35] 徐洁磐. 人工智能导论 [M]. 北京：中国铁道出版社，2019.

[36] 焦李成，刘若辰，慕彩红. 人工智能前沿技术丛书简明人工智能 [M]. 西安：西安电子科技大学出版社，2019.

[37] 武军超. 人工智能 [M]. 天津：天津科学技术出版社，2019.

[38] 杨忠明. 人工智能应用导论 [M]. 西安：西安电子科技大学出版社，2019.

[39] 孙元强，罗继秋. 人工智能基础教程 [M]. 济南：山东大学出版社，2019.